Encyc
Programm...

JN026003

プログラミング
言語大全

クジラ飛行机

技術評論社

サンプルファイルのダウンロード

下記URLからサンプルファイルをダウンロードできます。

URL https://gihyo.jp/book/2020/978-4-297-11347-6/support

はじめに

　本書は、プログラミング言語の図鑑です。さまざまなプログラミング言語を簡潔に紹介しています。

　世界中には、星の数ほどプログラミング言語があると言われています。

　本書では、数あるプログラミング言語の中から、広く使われているもの、歴史上重要なものを厳選して収録しています。

　プログラミング言語の歴史、影響を受けた・与えた言語、どういったシーンで使われているか、文法上の特徴やパッケージマネージャーなど開発に役立つ関連キーワードまで、プログラミング言語の全体像が一冊でわかることを目標としています。

　できるだけ簡易な言葉でプログラミング言語の全体像が分かるように配慮し、イラストによってプログラミング言語がイメージで伝わるように工夫しました。すべての主要言語で、言語の特徴の分かるサンプルコードを用意しました。

　どんなプログラミング言語があるのか、どうして開発されたのか、どのように活用できるのかをキーワードと共に紹介しています。

　プログラミングの世界を楽しみながら読んでいただけたら幸いです。

読者対象

・プログラミング言語に興味がある方全般

・ホビープログラマーや新人プログラマーの方

・Webや開発企業で企画や営業に携わっている方

・これからプログラミングを始めようと思っている方

目 次

はじめに 003

プログラミング言語索引 012

プログラミング言語チャート 014

プログラミング言語を知る　017

プログラミング言語とは何か 018

どのプログラミング言語を学ぶべきか 020

コンピューターとプログラミング言語の歴史 025

プログラミング言語の活躍するシーン 032

プログラミング言語を分類して考える 037

プログラミング言語を動かすには 044

プログラミング言語大全　051

C －高速・省リソースで現在も活躍する言語 052

Go －Google 発！　高速な現代的言語 056

アセンブリ －最も低水準な言語 060

C++ —Cにオブジェクト指向を載せてパワーアップ 061

FORTRAN —科学技術計算に特化した最初期の高水準言語 064

D —C/C++の影響を受けて書きやすくした言語 066

Rust —高速・安全・並行　新世代の言語 068

Python —入門から機械学習まで大人気のプログラミング言語 072

+1 PyPy —Pythonの処理系の1つ 076

+1 Cython —Python高速化のための言語 076

+1 MicroPython —組み込み向けのPython 076

Ruby —日本が世界に誇るスクリプト言語 077

+1 mruby —組み込み向けのRuby 081

+1 Crystal —もしもRubyが静的型付けを重視したら？ 081

+1 JRuby —JVMで動くRuby 082

+1 Opal —RubyをJavaScriptにする 082

+1 Streem —Matzの新言語 082

PHP —最もWebで使われるWebアプリ開発に特化したプログラミング言語 083

+1 Hack/HHVM —Facebook製のPHPライクな言語 086

Lua —高速動作と高い移植性を持つ組み込みスクリプト言語 087

+1 LuaJIT —JITでLuaを速くする 089

+1 MoonScript —Luaを書きやすくしたいなら 089

Perl — 強力な文字列処理機能を持つ軽量スクリプト言語　090

　　+1 Raku — 幻の Perl 6　092

JavaScript — Web ブラウザ／サーバーで活躍する言語　093

Node.js — Web サーバーで動作する JavaScript 実行エンジン　097

　　+1 Deno — 新しい安全志向の JavaScript 実行環境　100

TypeScript — JavaScript のスーパーセットで大規模アプリの開発向け　101

CoffeeScript — 短く手軽に記述できる JavaScript 代替　103

Dart — JavaScript の置き換えからモバイルアプリ開発まで幅広く　104

WebAssembly — Web ブラウザ用のアセンブリ言語　106

Java — スマートフォンや Web など幅広く利用されるオブジェクト指向言語　108

　　+1 Vim script — Bill Joy の Vi から生まれた Vim　113

Kotlin — 簡潔に書けて汎用的な Android の公式開発言語　114

　　+1 Xtend — Java をより使いやすくするというモチベーション　116

Scala — オブジェクト指向と関数型言語の特徴を持つ JVM 言語　117

　　+1 Scala.js — Scala のパワーを JavaScript に　119

Groovy — JVM 上で動作するスクリプト言語　120

Processing — デジタルアートとデザインのためのビジュアル表現言語　122

Contents

Swift — Apple による iOS/macOS 向けプログラミング言語   124

Objective-C — macOS/iPhone アプリ開発で活躍した C の亜種   128

   +1 Simula — C++ と Java の先祖?   130

C# — Windows の定番言語　Unity や Xamarin で人気がさらに加速   131

F# — .NET と ML 系言語の出会い   135

Visual Basic — Windows 開発で定番の初心者向け言語   136

VBA — 仕事を強力にサポートする Excel/Word 等のマクロ言語   138

   +1 Excel 関数 — プログラミングの入口になる便利な機能   140

   +1 Google Apps Script — Google の VBA   140

Object Pascal/Delphi
— かつては Windows アプリケーション開発で人気　近年も地道に改良   141

   +1 ALGOL — 構造化プログラミングの初期の言語   143

   +1 Pascal — 人気の教育用言語   143

   +1 Ada — 国防プロジェクトから生まれた安全重視の言語   143

   +1 Eiffel — Ruby にも影響を与えたオブジェクト指向の一つの姿   143

   +1 Free Pascal — オープンな Pascal 処理系   143

AWK — 効率的に使えるテキスト処理専用の言語   144

sed — テキストファイルを加工する UNIX 出身言語   146

PowerShell — Windows 標準のシェルとスクリプト言語   147

+1 バッチファイル（コマンドプロンプト／cmd.exe）
― Windows の古くからの定番 149

+1 Windows Script Host（WSH）
― かつての Windows の人気スクリプト実行環境 150

Bash／Shell Script
― Linux 標準のシェル Bash は一通り言語の機能を持っている 151

+1 Z Shell (zsh) ― Bash と並ぶ人気のシェル 153

+1 C Shell (csh) ― C の影響を受けたシェル 153

+1 KornShell (ksh) ― 高機能シェルのさきがけ 153

+1 Bourne Shell や互換シェル 153

+1 Friendly Interactive shell（fish）
― ユーザーフレンドリーなシェル 153

AppleScript ― macOS のスクリプト言語 154

Haskell ― 最も有名な関数型プログラミング言語 155

+1 Elm ― Web フロントエンド × Haskell 157

OCaml ― 関数型にオブジェクト指向の強みをプラス 158

+1 ML ― OCaml にも影響大の ML 系言語の始祖 160

+1 Standard ML ― ML 系言語の二大巨頭 160

+1 Reason ― JavaScript と OCaml が出会ったら 160

Erlang ― 高負荷サービスで人気のスケールする並行処理指向の言語 161

Elixir ― 並行処理が得意で耐障害性・高可用性のある言語 163

Contents

Common Lisp ─ANSIで標準化されている代表的なLisp 165

+1 Arc/Anarki
 ─ Common Lispの成功者Paul Grahamによる新Lisp 167

+1 Clojure/Clojure Script ─JVMとLisp 167

+1 Emacs Lisp ─ 強力な設定言語 167

Scheme ─古くから人気のあるLisp方言の1つ 168

+1 Racket ─ Scheme派生の新言語 170

Prolog ─歴史ある論理プログラミング言語 171

Scratch ─楽しく始めるビジュアルプログラミング言語 173

+1 Viscuit ─日本発のビジュアルプログラミング言語 175

Smalltalk ─オブジェクト指向プログラミングに多大な影響を与えた言語 176

BASIC ─初心者からプロまで幅広く人気の言語 178

+1 F-BASIC ─ FMシリーズのBASIC 180

+1 MSX-BASIC ─ MSXシリーズのBASIC 180

+1 N88-BASIC ─ PC-8800で有名なBASIC 180

+1 ActiveBasic ─ Windowsでも動くBASIC 180

COBOL ─1959年に開発された事務処理用の言語 181

+1 PL/I ─メインフレーム向けのパワフルな言語 183

なでしこ ─日本語プログラミング言語 184

HSP(Hot Soup Processor)
ー日本発　ゲームやツールが手軽に作れる　186

R ー統計解析向けの言語と実行環境　187

Julia ー平易さと速度を両立した科学技術計算向け言語　189

　+1 MATLAB ― 数値計算の王道的ソフトウェア　191
　+1 Octave（GNU Octave）― MATLAB代替として知られる言語　191

ActionScript ーFlashのスクリプト言語はJavaScriptの消された足跡　192

Haxe ーゲーム開発に便利　複数の環境で動かせるユニークな言語　193

　+1 Nim ― Pythonのようなトランスパイル言語　195
　+1 Mint ―ゲーム会社の内製プログラミング言語　195

Brainfuck ーチューリング完全な極小のコンパイラ　196

　+1 Unlambda／Lazy K ― 関数型の難解プログラミング言語　197
　+1 Piet ―プログラミング画像？　197

Whitespace ー目に見えない不思議なプログラミング言語　198

Contents

Appendix

プログラミング言語とその周辺の知識をより深める　199

App. A	プログラミング言語と関連する言語や記述形式	200

+α	HTML（エイチティーエムエル）	200
+α	CSS（シーエスエス）	200
+α	XML（エックスエムエル）	201
+α	JSON（ジェイソン）	201
+α	Markdown（マークダウン）	202
+α	LaTeX（ラテック、ラテフ）／ TeX（テック、テフ）	202
+α	SQL（エスキューエル、シークェル）	202
+α	正規表現	203
+α	make（メイク）	203
+α	PostScript（ポストスクリプト）	203
+α	ini（アイエヌアイ）	204
+α	YAML（ヤムル）	204

App. B	プログラミング言語と道具	205
App. C	プログラミング言語の作り方	209

索引	212
おわりに	215

プログラミング言語索引

各言語のアルファベット順の索引です。書籍中の各言語を探すのにご活用ください。

A
ActionScript................................192
ActiveBasic.................................180
Ada..143
ALGOL.......................................143
AppleScript................................154
Arc/Anaarki................................167
Assembly.....................................60
AWK...144

B
Bash/ShellScript..........................151
BASIC.......................................178
Batch.......................................149
Borune Shell...............................153
Brainfuck..................................196

C
C...52
C Shell.....................................153
C#..131
C++...61
Clojure.....................................167
cmd.exe.....................................149
COBOL......................................181
CoffeeScript...............................103
Common Lisp...............................165
Crystal......................................81
Cython.......................................76

D
D..66
Dart..104
Deno..100

E
Eiffel.......................................143
Elixir.......................................163
Elm...157
Emacs Lisp.................................167
Erlang......................................161
Excel関数..................................140

F
F#..135
F-BASIC.....................................180
FORTRAN......................................64
Free Pascal................................143
Friendly Interactive shell................153

G
Go...56
Google Apps Script........................140
Groovy......................................120

H
Hack/HHVM....................................86
Haskell.....................................155
Haxe..193
HSP(Hot Soup Processor)...................186

J
Java..108
JavaScript...................................93
JRuby..82
Julia.......................................189

K
KornShell...................................153
Kotlin......................................114

L
Lazy K......................................197
Lua..87
LuaJIT.......................................89

M
MATLAB......................................191
MicroPython..................................76
Mint..195
ML..160
MoosScript...................................89
mruby..81
MSX-BASIC...................................180

N
N88-BASIC...................................180
Nadesiko....................................184
Nim...195

Node.js...97

O Object Pascal/Delphi............................141
Objective-C.......................................128
OCaml..158
Octave(GNU Octave)............................191
Opal...82

P Pascal..143
Perl..90
PHP..83
Piet..197
PL/I...183
PowerShell...147
Processing...122
Prolog...171
PyPy..76
Python...72

R R...187
Racket...170
Raku..92
Reason..160
Ruby..77
Rust..68

S Scala...117
Scala.js...119
Scheme..168
Scratch..173
sed...146
Simula...130
Smalltalk...176
Standard ML.......................................160
Streem...82
Swift...124

T TypeScript...101

U Unlambda...197

V VBA..138
Vim Script...113
Viscuit..175
Visual Basic.......................................136

W WebAssembly......................................106
Whitespace...198
WSH..150

X Xtend..116

Z Z shell...153

和名 なでしこ..184
アセンブリ..60
コマンドプロンプト...............................149
バッチファイル....................................149

その他の言語索引

CSS..200
HTML..200
ini...204
JSON..201
LaTeX..202
make..203
Markdown..202
PostScript...203
SQL...202
TeX...202
XML...201
YAML...204
正規表現...203

これからプログラミング言語を覚えたい、あるいは、次の仕事で使うプログラミング言語を覚えたい、そんな場合にオススメのプログラミング言語を簡単に選ぶチャートを用意しました。

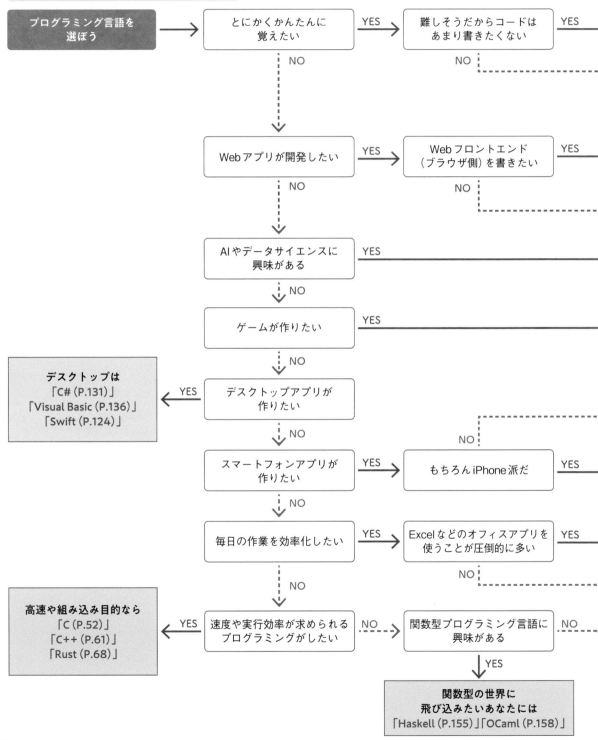

プログラミング言語チャート

プログラミング言語を選ぼう

とにかくかんたんに覚えたい → YES → 難しそうだからコードはあまり書きたくない → YES
NO

Webアプリが開発したい → YES → Webフロントエンド（ブラウザ側）を書きたい → YES
NO

AIやデータサイエンスに興味がある → YES
NO

ゲームが作りたい → YES
NO

デスクトップは
「C# (P.131)」
「Visual Basic (P.136)」
「Swift (P.124)」
← YES ← デスクトップアプリが作りたい
NO

スマートフォンアプリが作りたい → YES → もちろんiPhone派だ → YES
NO

毎日の作業を効率化したい → YES → Excelなどのオフィスアプリを使うことが圧倒的に多い → YES
NO

高速や組み込み目的なら
「C (P.52)」
「C++ (P.61)」
「Rust (P.68)」
← YES ← 速度や実行効率が求められるプログラミングがしたい ← NO → 関数型プログラミング言語に興味がある → NO
YES ↓

関数型の世界に飛び込みたいあなたには
「Haskell (P.155)」「OCaml (P.158)」

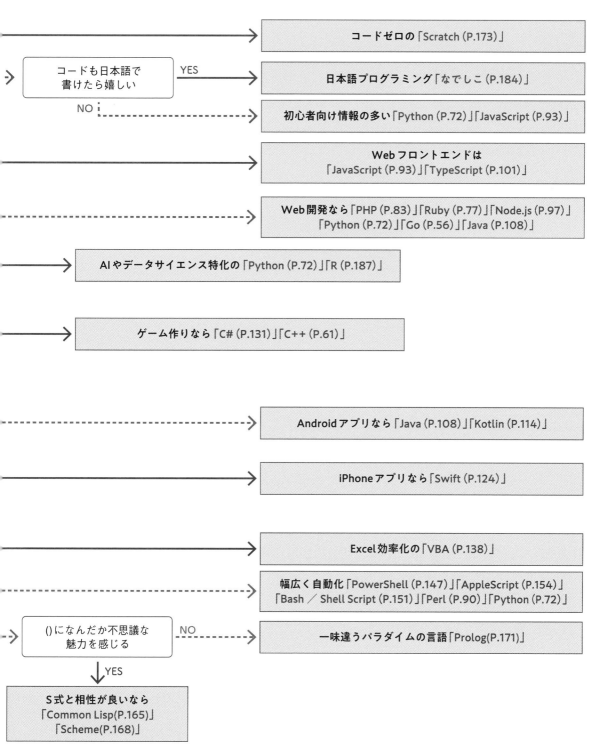

コードゼロの「Scratch (P.173)」

コードも日本語で
書けたら嬉しい　　YES　　日本語プログラミング「なでしこ (P.184)」

NO　　初心者向け情報の多い「Python (P.72)」「JavaScript (P.93)」

Webフロントエンドは
「JavaScript (P.93)」「TypeScript (P.101)」

Web開発なら「PHP (P.83)」「Ruby (P.77)」「Node.js (P.97)」
「Python (P.72)」「Go (P.56)」「Java (P.108)」

AIやデータサイエンス特化の「Python (P.72)」「R (P.187)」

ゲーム作りなら「C# (P.131)」「C++ (P.61)」

Androidアプリなら「Java (P.108)」「Kotlin (P.114)」

iPhoneアプリなら「Swift (P.124)」

Excel効率化の「VBA (P.138)」

幅広く自動化「PowerShell (P.147)」「AppleScript (P.154)」
「Bash ／ Shell Script (P.151)」「Perl (P.90)」「Python (P.72)」

()になんだか不思議な
魅力を感じる　　NO　　一味違うパラダイムの言語「Prolog(P.171)」

YES

S式と相性が良いなら
「Common Lisp(P.165)」
「Scheme(P.168)」

プログラミング言語を知る

プログラミング言語とは何か

　本書では世界中に数多くあるプログラミング言語のうち、特に重要と思われるものを紹介していきます。プログラマーになるためにどんな言語を学べばいいかわからない、キャリアを考えて新しいプログラミング言語を学びたい、主要なプログラミング言語を一覧したいといった需要にかなうはずです。まずは、『プログラミング言語』そのものについて考察してみましょう。

プログラミング言語とはなにか

　プログラミング言語とはなんなのか。分解して考えてみましょう。言語とは、一定のルールのもとで文字・音声を組み合わせて意味を表すもの、あるいはその体系のことです。プログラミングとは、コンピューターへの指示書（プログラム）を作成することです。

　つまり、プログラミング言語は**コンピューターに指示するため、文字で意味を示すことやその規則**と考えられます。

　言語といっても、我々が普段話す日本語のような日常的に使われる言語（自然言語）とは違い、人の手によって作られた特殊な規則にもとづいた言語（形式言語）です。

　形式言語はコンピューターが処理しやすいものです。

　また、文字を書くのではなく、視覚的に表現されたブロックを組み合わせるものや画像データを用いる言語もあります。

なぜ複数のプログラミング言語が存在するのか

　プログラミング言語は企業が作成したものから個人が作成したものまで数多く存在します。

　なぜ、たくさんの言語があるのでしょうか。もし一種類なら、一度覚えてしまえば覚え直す必要がなく便利なように思えます。

　しかし、現実には数多くのプログラミング言語があり、プログラミングを仕事にするならそのうちいくつもを覚える必要があります。

　3つの視点から、プログラミング言語がなぜ数多く存在するのか見ていきましょう。

● 最適な道具

　第一にプログラミング言語ごとに得意分野が異なる点が上げられます。

　Web開発であれば、PHPやRuby、Pythonなどのスクリプト言語がまず候補にあがります。ならPHPだけ覚えておけば、Web開発以外のすべてのシーンでも万全かというとそうでもありません。

　例えばWeb開発に特化したPHPを使って、iPhoneで動くアプリを作ることはできません。iPhoneやiPad用のアプリを作るには、基本的にはObjective-CかSwiftを使うことになっているからです。

　また、一般的なプログラミング言語とは少し違いますが、Webサイトを表示するには、HTMLという専用のマークアップ言語を利用してページを記述しますし、データベースを操作する場合には、SQLというデータベースを操作する専用の記述言語を利用します。

　PHPがWeb、SwiftがiPhoneアプリというようにそれぞれの言語にそれぞれが適した用途があるのです。

　このように、プログラミング言語ごとに、専門分野や得意分野が異なります。そのため何をどの

ように作るのかに応じて、プログラミング言語を変える必要があるのです。

　これは言ってみれば、家を建てる大工職人が、作業に応じて、ドリルやハンマー、ノコギリやカンナなど様々な道具を持ち替えて、作業するのに似ています。木材を切断するのに使うのは、ノコギリで、ドリルではありません。もちろん、無理をしてドリルを使って何度も穴を開ければ最後には木を切断できるかもしれませんが、普通はそのような無理はしないでしょう。

　多くのプログラミング言語は複数の用途に使えるようになっていますが、得意分野と苦手分野はあります。このため、仕事でプログラミングをしているのであれば、2つないし3つ以上の言語を使えるという人が大半です。

● プログラミング言語の進化

　第二に、ITは日進月歩の世界であり、新しい技術が次々と生まれていることが上げられます。

　ITの世界では新しい技術に見合ったプログラミング言語が用意される、あるいは新しいプログラミング言語そのものが技術を刷新していきます。また、プログラミング言語が使われていく中で、その言語では解決できない新しいタイプの課題が見つかるということも多々あります。

　少し前まで、大工職人には、木材同士を組み合わせるのに、釘とトンカチを使っていました。しかし、今では、ほとんどの現場で、釘を高速に打ち付ける機械釘打機を利用しています。トントン叩かなくても、レバーを引けば一瞬で釘が打ち付けられます。これにより、作業時間が大幅に短縮しました。

　それと同じで、新しいプログラミング言語によって、これまで時間をかけて作っていた処理を、とても簡単に実現できるようになることもあります。例えば、かつてWebサーバーではPerl（Perl/CGI）が標準的なものでした。その後、Webサーバーに特化して性能や書きやすさで優れたPHPが人気になり、一気にWebサーバー分野で支配的なプログラミング言語となりました。

● プログラミング言語の多様性

　第三に、自由に作れるから生まれる多様性という理由もあります。プログラミング言語は誰もが自由に作れて、それぞれ独自の事情やセールスポイントがあるため、用途が似ていたとしても、並立して生き残っていきます。

　ITの分野ではいくつかの理由から独占が起きづらく、常に多様な選択肢が存在します。例えば、スマートフォン一つとっても、AppleのiOSと、GoogleのAndroidなど複数のOSが存在します。細かい違いありますが、いずれもだいたいのケースで似たように使えます。どちらのOSにも良い点があり、一概にどちらが優れているとは言えません。なぜ、これらのOSが統一されないかといえばAppleやGoogleが彼らのOSを自前で提供していることに価値を見出しているからです。

　プログラミング言語にも同じようなことができても別の言語というケースが多くあります。

　多くの場合は技術的な新しい挑戦や課題解決が新しいプログラミング言語の登場につながりますが、それだけがプログラミング言語開発のモチベーションではありません。実用を目指しているわけではなく純粋な興味からプログラミング言語を作る人もいますし、あるいはプログラミング言語を開発する企業の都合だったり、個人の書き方に関する好みだったりとその事情は様々なものがあります。

　例えば、JavaとC#はどちらも、デスクトップアプリを開発したり、Webアプリを開発したりできます。仕組み的な部分で見ても、静的型付けを行うオブジェクト指向のプログラミング言語という点や、一度は中間形式（バイトコード）に変換される点まで似ています。もちろん動作するプラットフォームや書き方の違いはたくさんあります。一見似たようにも思えますが、それぞれのプログラミング言語に数多くのファンがいて、いずれも熱心に開発継続されています。

　大きな視点で考えれば似たようなものでも、どのプログラミング言語も独自のバックグラウンドや特徴があります。そのため、一つを選んで、一つを捨てるということはできません。

どのプログラミング言語を学ぶべきか

　それでは、どのプログラミング言語を学ぶべきでしょうか。これは非常に難しい問題です。先述のように得意分野が異なるだけでも悩みどころですが、読者の皆さんがどういうモチベーションでプログラミング言語を選ぶのかというのも選定に直結します。仕事がすぐに得たい、プログラミング言語そのものに詳しくなりたい……、などやりたいことは異なるはずです。

　そのため、どのプログラミング言語を学ぶのか決める前に、何をしたいのかをよく考えましょう。

　本書はプログラミング言語を調べるための道筋を示す書籍です。やりたいことさえ決まっていればあとは読むだけです。

　本書ではさまざまなプログラミング言語を紹介し、各言語が何に使えるのかを明確に示しています。さらに、実際に動くものが作りやすいというところを重要視しています。残念ながらプログラミング言語の中には今はあまり使われていなかったり、そもそも実用性を重視していなかったりと学んでも実用的なプログラムが難しい言語というものが存在します。本書の大項目では、基本的に実用性が高く、学習することで読者の皆さんのプログラマーとしての能力が向上するプログラミング言語を厳選して紹介しています。

　ゼロからプログラミング言語を学びたいという人は、たくさんのプログラミング言語があり、用途に応じて使い分けなければならないことを知ると、がっかりするかもしれません。習得するスキルが無限にあるように感じることでしょう。

　しかし、それは杞憂です。プログラミング言語は一つ覚えてしまえば、別のプログラミング言語を覚えるのも難しくありません。条件分岐や関数、オブジェクト指向といった、基本的な考え方をマスターしたなら、別のプログラミング言語に移っても、些細な違いを覚えるだけですむのです。もちろん、高度なプログラミングを行うには、プログラミング言語について精通しているべきです。しかし、基本となる論理的思考、一度その思考パターンを身につけてしまえば、他のプログラミング言語でも活かせます。これは、自動車の運転と似ているかもしれません。一度、運転をマスターしてしまえば、乗る車種が変わっても運転できるのと似ています。ギアのレバーの大きさや位置が多少違っても、すぐに慣れてしまうものです。

プログラミング言語どれを学ぶ？どう選ぶ？

　プログラミング言語の選び方は様々なものがあります。基本的には先に上げた用途別の入門がおすすめですが、用途がまだ定まっていないという人も多いでしょう。そこで、本書おすすめのプログラミング言語の選び方をいくつか紹介します。P.14にはプログラミング言語を選びたい人に向けたYES/NOチャートも用意しています。

高速なプログラミング言語

　プログラミング言語の実行速度を気にする人は多いです。実のところ、本書で取り上げている言語の大部分は実用される言語なので、どれを選んでも速度的には十分な水準にあります。またシステムやソフトウェアを作成すると、実はプログラミング言語の実行速度そのものは支配的ではないということもままあります。しかし、早いプログラミング言語に興味がある、自分が今行っている

仕事で速いプログラミング言語が求められているので学びたいという人も多いでしょう。

一般に、静的型付けでコンパイルを必要とする言語のほうが動的型付け言語より実行速度が高速です。更に静的型付け言語でもネイティブコード（直接実行できるコード）を出力できるCやC++のほうが、VMを介する必要のあるバイトコードを生成するJavaなどの言語より高速な傾向があります。

● 速度のランキング

The Computer Language Benchmarks Game[1]というプロジェクト内の（n-body）というベンチマークの結果を元に言語ごとの実行速度ランキングを作成しました。なお、これらのベンチマークは絶対的なものではなく、あくまで1つの指標として参考にしてください。

1 Rust	11 Java	21 Erlang
2 C	12 Swift	22 Smalltalk
3 C++	13 Julia	23 JRuby
4 Fortran	14 Pascal	24 PHP
5 Ada	15 F#	25 Ruby
6 Go	16 Node.js （JavaScript）	26 Lua
7 OCaml	17 TypeScript	27 Perl
8 C#	18 Lisp	28 Python
9 Chapel	19 Dart	
10 Haskell	20 Racket	

この中ではC、C++、Rustの3つ特に高速で、かつ多くの用途を備えるプログラミング言語です。

高速なプログラミング言語

★▶ C　　　　　　　　★▶ Rust
★▶ C++　　　　　　　▶ Go

書きやすい、生産性の高いプログラミング言語

プログラミング言語の書きやすさは数値化しづらい[2]指標です。情報がどれだけあるか、ライブラリ（機能拡張）が使いやすいか、言語そのものが書きやすいかなど複数の観点があります。ここでは書きやすいプログラミング言語を筆者の主観でピックアップします。

書きやすさという点で、今もっとも人気があるプログラミング言語はPythonでしょう。Pythonは平易な構文やライブラリの充実で人気のプログラミング言語です。プログラミング言語の可読性を重視しており[3]、使いやすさと簡潔さの双方で優れた言語として知られています。なにか作るときにライブラリが多くあるのですぐに何でも作れて、コードも読みやすいことが多いです。

Rubyも書きやすい言語として人気を集めています。文法自体が書きやすさを重視している点が特徴で

---

*1　https://benchmarksgame-team.pages.debian.net/benchmarksgame/index.html
*2　開発言語と生産性に関する研究自体は国内外で行われています。ただし、様々な前提条件が絡んでくるため本書では取り上げていません。
*3　Zen of Python（Pythonの禅）というドキュメントが知られています。

す。主要な開発者に日本人が多いこともあり、充実した日本語ドキュメントがあるのも強みでしょう[4]。

　静的型付け言語の分野では、ライバルのJavaと比べて記述が簡潔なKotlinなども人気を集めています。なでしこは日本語で読み書きできるプログラミング言語です。

　また教育用として人気のあるScratchはビジュアルプログラミング言語でコードを書かずにプログラムを作成でき、簡単なゲームを手軽に作成できます。

書きやすいプログラミング言語

- ★ Python
- ★ Ruby
- ▶ Kotlin
- ▶ なでしこ

学んでいる実感が得やすいプログラミング言語

　プログラミング言語を学んでいて陥りやすいのが、わかりやすい成果が出なくてモチベーションが上がらないという事態です。こんなときにおすすめなのが、グラフィックをすぐに作成・変更できるなど見た目の変化が簡単に起こせるプログラミング言語です。

　おすすめはWebサイトに動きをつけることのできるJavaScriptです。Excelファイルを編集したり、グラフを作成したりして目に見える変化がすぐに出せるExcel VBAも面白いでしょう。

　ゲーム開発に興味のある人はUnityからC#に入門するのもありかもしれません。ゲーム画面を動かしながらプログラミングに入門できます。

学んでいる実感が得やすいプログラミング言語

- ★ JavaScript
- ★ VBA
- ★ C#（Unity）
- ▶ Scratch

資格に役立つプログラミング言語

　プログラムを学び、就職などに活用するため資格をゲットしたいとき、どんな言語を学ぶのが理想的でしょう？　プログラミング言語関連の資格は数多くあります。中でも最も人気のあるのが、基本情報技術者試験です。基本情報技術者試験の中には5つのプログラミング言語の中から1つを選び、その言語を用いて解答していく問題があります。

　基本情報技術者試験に用いられる5つの言語はC言語（C）、Java[5]、Python、アセンブラ、表計算[6]です。この中でも特におすすめなのがJava、Python、C言語の3つです。資格取得後に自分でプログラムすることを考えると、この3つを修めておくことは大きな力となります。

資格にも役立つプログラミング言語

- ★ Java
- ★ Python
- ★ C
- ▶ アセンブリ
- ▶ Excel関数

---

[4] Rubyリファレンスマニュアルという日本語がオリジナルの公式ドキュメントが存在します。橋本将氏などの貢献が知られます。

[5] JavaはOracleが提供するJava Bronze/Silverなどの人気資格もあります。

[6] 表計算は関数などを用いて擬似的にプログラミング言語のように表計算ソフトウェア（Excelのようなソフトウェアの総称）を扱おうというものです。Excel関数とほぼ同等のものと考えてください。

仕事につながるプログラミング言語

　手に職をつけたい人にとってはプログラミング言語が仕事で使えるかは重要な観点でしょう。プログラミング言語には仕事の現場で広く使われるものもあれば、あまり使われないものもあります。

　こういった言語の人気としては求人サイトなどのプログラミング言語人気ランキングや、プログラミング言語ごとの求人数推移をみるのが有用です。ここでは、転職支援サービスのレバテックキャリアが2019年6月に実施した調査[*7]などを参考に日本で仕事で使われるプログラミング言語をピックアップしました。

仕事につながるプログラミング言語

- ★ Java
- ★ PHP
- ★ C#
- JavaScript
- Ruby
- Python
- VBA

人気があるプログラミング言語

　人気がある言語から選ぶのもいいでしょう。情報が多かったり、仕事に繋がりやすかったりといったメリットがあります。ここではいくつかのランキングを掲載します。それぞれ前提条件が違うため、必ずしも実世界での利用率と同等というわけではありません。

● プログラミングQ&Aサービス Stackoverflow の2019年人気ランキング[*8]

　プログラミングQ&Aサービスで世界で最も人気のある Stackoverflow での人気ランキングの調査結果です。

👑	JavaScript	10	TypeScript	19	Objective-C
2	HTML/CSS	11	C	20	Scala
3	SQL	12	Ruby	21	Rust
4	Python	13	Go	22	Dart
5	Java	14	Assembly	23	Elixir
6	Bash/Shell/PowerShell	15	Swift	24	Clojure
7	C#	16	Kotlin	25	WebAssembly
8	PHP	17	R		
9	C++	18	VBA		

＊7　https://career.levtech.jp/guide/knowhow/article/563/
＊8　Stack Overflow Developer Survey 2019 https://insights.stackoverflow.com/survey/2019

● TIOBE Index の人気言語ランキング[9]

検索エンジンの検索結果を元に算出した TIOBE Index のランキングです。

1	Java	11	Ruby
2	C	12	Delphi/Object Pascal
3	Python	13	Objective-C
4	C++	14	Go
5	C#	15	Assembly language
6	Visual Basic .NET	16	Visual Basic
7	JavaScript	17	D
8	PHP	18	R
9	Swift	19	Perl
10	SQL	20	MATLAB

● ソースコード共有・コラボレーションサービス GitHub の人気言語ランキング 2019 年版[10]

ソフトウェア開発で欠かせない存在となった、ソースコード共有・コラボレーションサービスの GitHub の調査結果による人気ランキングです。

1	JavaScript	6	C++
2	Python	7	TypeScript
3	Java	8	Shell
4	PHP	9	C
5	C#	10	Ruby

古典としてのプログラミング言語

　プログラミング言語の中には残念ながら今は広くは使われていない、あるいは使われていても知られていないものもあります。本書ではこういった言語の中でも特に重要な言語をピックアップして紹介しています。現在広くは用いられていない言語を学ぶことはごく短期で考えると利益が少ないかもしれません。しかし、古いプログラミング言語を知っておくことは単純に知的好奇心を満たしますし、教養として今後のプログラミング生活を助けてくれることもあります。

　ここではどれが古典と呼ぶべき言語かはあえて示しません。皆さんが名前は知っていても使ったことのない言語や、古くから使われている歴史のある言語から探してみてください。

＊9　https://www.tiobe.com/tiobe-index/
＊10　https://octoverse.github.com/

コンピューターとプログラミング言語の歴史

　プログラミング言語とその周囲の歴史について紹介します。ここでは、時代の流れを整理するために歴史の中で大きな意味を持った言語を中心に解説していきます。本書で紹介するすべてのプログラミング言語が出てくるわけではないことに注意してください。

コンピューターの誕生と歴史

　まずは、プログラムを動かすコンピューターの歴史、そのうちプログラミング言語が出てくるまでの前史から覗いてみましょう。コンピューターとは、計算処理を自動で行う計算機のことです。一般的にコンピューターと言ったとき、電気を動力として動作するもの（電子計算機）を指します。

　電気を使わない時代にも、計算を行う道具はいろいろ発明されていました。計算機の歴史は、数千年前、紀元前から始まっています。例えば、『そろばん（アバカス）』は既に紀元前2400年にバビロニアで使われていました。また紀元前一世紀、古代ギリシアではアンティキティラ島の機械と呼ばれる、歯車を用いた計算のための機械が用いられていました。

● 17世紀に発明された計算ツール

　17世紀、科学革命が起き、微分積分学、天文学などが大いに発展します。計算が複雑になり、より高度な計算器の必要性が増しました。1614年には、乗除算（かけ算や割り算）などを簡単に行うための『ネイピアの骨』が発明されます。1620年には、乗除算および三角関数、対数、平方根、立方根などを計算できる『計算尺』が発明されます。

● 機械式計算機の登場

　こうした計算器は最初期は素朴な構造のものが中心でしたが、要求の高度化や機械技術の進歩によって歯車などの機械要素を用いた装置に発展していきます。機械を用いたものは『機械式計算機（英語: mechanical calculator）』と呼ばれています。その先駆けが、1623年に開発された『シッカートの計算機』です。

1623年に発明された「シッカートの計算機」
©Herbert Klaeren (CC BY-SA 3.0 https://creativecommons.org/licenses/by-sa/3.0/)

　その後、1670年代までの間に、歯車の回転によって計算を行う機械式計算機『パスカルの計算機』や『ライプニッツの計算機』が発明されました。パスカルの計算機は加減算、ライプニッツの計算機では、加減算と乗除算を行うことができました。1880年になると、機械の信頼性が向上し、機械式計算機は量産されるようになります。日本でも、1902年には『自動算盤』の特許が申請されており、実用的な機械式計算機が作成されていました。

　関連する発明として、1822年にイギリスの数学者 Charles Babbage（チャールズ・バベッジ）は、『階差機関』という機械の設計を開始しました。これは、機械式計算機とは異なり、一連の数式を自動的に生成するものでした。そして、1834年に

は階差関数を汎用化した『解析機関』の設計を開始しました。この機械は完成こそしなかったものの、世界で初めてプログラム可能な計算機と言えるものでした。そのため、Babbageは『コンピューターの父』と呼ばれています。

パスカルの機械式計算機『Pascaline』
©David.Monniaux（CC BY-SA 2.0 https://creativecommons.org/licenses/by-sa/2.0/）

Babbageが設計した『階差機関』
©Carsten Ullrich（CC BY-SA 2.5 https://creativecommons.org/licenses/by-sa/2.5/）

● 電気制御式の計算機の登場

19世紀になると、電気を動力するとするモータが登場し、電気制御が可能になります。1884年には、アメリカの発明家Herman Hollerith（ハーマン・ホレリス）は、統計処理を行う電気式の『パンチカードシステム』を開発しました。これは、当時移民が急増していたアメリカの国税調査の統計データの集計を行うためのものでした。『パンチカード』と呼ばれる穴の開いたカードをプログラムとして利用します。パンチカードシステムによって、それまで10年かかっ

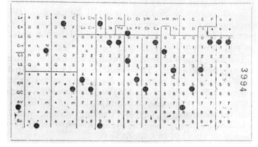

Hollerithのパンチカード

て行っていた計算を2年で終わらせることができました。なお、ハーマン・ホレリスの起こした会社は三社で合併し、今のIBMとなります。パンチカードとは、厚手の紙に穴を開けて、その位置や穴の有無から情報を記録する記録媒体です。

プログラムで制御できる、機械式計算機は、この頃、世界中で盛んに研究されました。1941年、ドイツのKonrad Zuse（コンラッド・ツーゼ）は、世界で初めてプログラム制御式コンピューターの『Zuse Z3』を開発した。また、第二次世界大戦が始まると、アメリカではコンピューターの研究開発が積極的に進められました。1940年代、米国のベル研究所は、リレーを使った計算機『モデルⅠ』から『モデルⅥ』を開発しました。1944年には、米国の物理学者Howard Hathaway Aiken（ハワード・ハサウェイ・エイケン）は、紙テープにより制御を行う『Harvard Mark Ⅰ』を開発しました。

● 真空管を利用した大型計算機『ENIAC』の登場

機械式計算機への研究が続き、1946年に真空管を利用した『ENIAC』がアメリカのペンシルベニア大学で開発されました。ENIACは、幅30m、高さ2.4m、奥行き0.9m、総重量27トンという大掛かりな装置でした。部品も、17,468本の真空管、7,200個のダイオード、1,500個のリレー、70,000個の抵抗器、10,000個のコンデンサ等で構成されていました。いわゆる電子計算機のはし

りです。また、EANICは、『パッチパネル（パッチボード）』を利用してプログラムを開発しました。パッチパネルとは、パネル上に多数のコネクタのジャック穴があり、ケーブルのプラグを差し込むことで、回路を変更することができるというものです。このパッチパネルによるプログラミングにより、様々な計算問題を解くことができました。例として、1949年にはENIACを用いて、円周率を70時間で2037桁まで求めることができました。当時としてはここまで計算ができたのは素晴らしい成績でした。2019年にはGoogleがクラウドを活用して円周率31兆桁まで求めギネス記録を保持しています。

パッチパネルを利用してプログラムを作る『ENIAC』

● ノイマン型コンピューターの登場

現在のコンピューターは、『ノイマン型』と呼ばれる構造を採用しています。これは、数学者のJohn von Neumann（ジョン・フォン・ノイマン）によって提唱されたコンピューターの基本構成です。ノイマン型コンピューターが実際に登場したのは1949年のことでした。これは、ノイマンが発表した論文に刺激され、ケンブリッジ大学の研究チームで『EDSAC』と呼ばれるコンピューターを開発しました。

世界初のノイマン型電子計算機EDSAC
EDSAC I in construction
©Computer Laboratory,
University of Cambridge
(https://creativecommons.
org/licenses/by/2.0/)

ENIACでもプログラムを変更することが可能でしたが、機械の構成自体を変更する必要があったためプログラムの変更は非常に困難でした。ノイマン型では、プログラムをコンピューターに内蔵することにより、手軽にプログラムを変更できるようになりました。

Column

● ノイマン型のコンピューターについて

ノイマン型とは、演算装置、制御装置、記憶装置、入力装置、出力装置の五つの装置で構成されるコンピューターのことです。まず、命令とデータは、記憶装置（メモリ）に格納され、メモリにはアドレスが振られており、記憶装置内のどこを実行するのかを管理する命令カウンタがあります。

そして、以下のように逐次実行が行われます。

（1）命令カウンタが指し示すメモリアドレスから命令を読む
（2）読んだ命令を解釈して所定の動作を行う
（3）命令カウンタを進めて次の命令を指すようにする
（4）手順（1）に戻る

世界初のノイマン型コンピューターのEDSACは、18個の命令を備えており、加算、減算、乗算、左シフト、右シフト、条件付きスキップなどが可能でした。とは言え、そのプログラムは現在の機械語やアセンブラに似たものです。依然として、プログラムの開発には、高度な知識と忍耐力が必要とされました。

プログラミング言語の歴史 – 誕生と必要性

　ここまで紹介したように、初期のコンピューターは、プログラムを作成するのに大変な労力が必要でした。1950年代になると、研究や国防のため、UNIVAC-1、CRC-102、IBM-701、IBM-650など、多くのコンピューターが設置されるようになりました。それでも、引き続き、コンピューターを動かすためには手作業で機械語を記述する必要がありました。

　機械語でプログラムを作成するのは非常に難しいことです。プログラムの間違い、バグの検出も大変でした。そこで、より人間に分かりやすい**プログラミング言語**が必要になります。

　それでは、ここから、プログラミング言語の歴史を見ていきましょう。

初期のプログラミング言語（1950年代）

　1950年代後半になり、人間にも理解しやすい**高水準言語のプログラミング言語**が登場します。その先駆けとなった、世界初の実用的なプログラミング言語が『FORTRAN』です。1957年にIBMのJohn Warner Backus（ジョン・ワーナー・バッカス）らが開発しました。なお、Backusは1953年時点でSpeedcodingというFORTRANの前身となる言語を開発していました。しかしそれは機械語に近く記述が大変で、動作速度も遅いものでした。FORTRANはその反省を踏まえて開発されました。

　その後、1958年にはALGOLが発表されます。これは、構造化プログラミングの考え方を取り入れた最初の言語です。1959年には、IBMがRPG（Report Program Generator）を開発しました。

- ・1957年 FORTRAN
- ・1958年 ALGOL
- ・1959年 RPG

　FORTRANは驚くべきことに現役の言語です。科学技術計算向けのバックグラウンドを持っているため、スーパーコンピューターなどで用いられています。Fortran 2018など仕様も更新されています。

1954年にIBM 704でFortranは開発された。写真は米軍で空力特性の計算にIBM 704を使っているところ

1960年代のプログラミング言語

　1960年代には、COBOL、LISP、BASICと多くの実用的なプログラミング言語が開発されました。限られた資源を活用しつつも、より人間に分かりやすい言語です。

　COBOLは、アメリカ国防総省主導で開発されました。専門的な知識を持たない事務員らにも馴染みやすいようと、自然言語である英語に似せて作られました。COBOLは現代でも金融システムなどで一部使われています。近い時期に開発されたPL/Iも金融システムで人気です。

　LISPは、John McCarthy（ジョン・マッカーシー）により開発されました。「()」を多用するS式、前置記法を特徴としており、人工知能や科学計算の分野で好まれました。

　BASICは、アメリカのダートマス大学で開発されました。初心者になじみやすい文法や対話的な実行環境があったことで人気を集めます。ここから数多くの**方言**（ある言語に独自文法上の改良を

加えたもの）が生まれました。

BASICとLISPは多くの言語に影響を与え、子孫と呼べる後進の言語（Visual Basic、Common LispやScheme）が人気を集めます。

- 1960年 COBOL
- 1960年 LISP
- 1964年 BASIC
- 1966年 PL/I

1970年代のプログラミング言語

1970年代になると実用的で画期的なプログラミング言語が数多く開発されました。

代表的なものは、1972年に登場したC（C言語）です。Cはベル研究所にてDennis MacAlistair Ritchie（デニス・マカリスタ・リッチー）らによって開発されました。Cは同じベル研究所で開発されたBの影響を強く受けています。

オブジェクト指向言語のSmalltalkや関数型言語のMLなど、複雑化、大規模化するプログラムの開発に即したプログラミング言語が開発されました。

並行して、1970年代になると、パーソナルコンピューター（パソコン）が普及し始めます。多くのパソコンには、MS-BASICが搭載されました。さらに、IBMによって関係モデルデータベースが開発され、それを操作するためにSQLが開発されました。

- 1970年 B
- 1972年 C
- 1970年代前半 Smalltalk
- 1974年 ML
- 1977年 SQL（データベース操作のための言語）
- 1970年代後半から1980年代前半 MS-BASIC

1980年代のプログラミング言語

1980年代には、CがUnixとともに広く普及しました。さらに、1970年代に登場した**オブジェクト指向**（源流はSmalltakなど）が注目され、C++やObjective-Cなど現在でも利用されるオブジェクト指向プログラミング言語が登場します。

- 1983年 C++
- 1983年 Objective-C
- 1984年 PostScript（電子印刷のためのページ記述言語）
- 1984年 Common Lisp

1990年代前後のプログラミング言語

1980年代後半から1990年代には、厳格で高速なプログラミング言語とは別に、比較的ゆるく手軽にプログラミングできる**スクリプト言語**が注目を集めます。

代表が、Perl、Python、Ruby、PHPです。これらの言語は変数の型定義などが不要で、実行に

インタプリタ方式を採用しており、開発から実行まで手間がかからないのが特徴です。その手軽さからちょっとしたツールの作成や、Webアプリの開発に使われるようになりました。いずれも現在でも人気が高く重要な言語ですが、Pythonは頭一つ抜けた人気があります。

- 1987年 Perl
- 1990年 Python
- 1993年 Ruby
- 1995年 PHP

　1995年にはWindows 95が発表されます。Windows 95は、1億9300万本も出荷され、コンピューターのOSシェアを一気に塗り替えました。Windows 95の大きな特徴は、グラフィカルなインターフェイス（GUI）を備えていることです。WindowsやそのGUIアプリケーションに対応すべく、マイクロソフトのVisual BasicやVisual C++、BorlandのDelphiと言ったプログラミング言語が登場しました。これら高度なGUIを作成するプログラミング言語は、RAD環境と呼ばれ人気を集めました。

- 1991年 Visual Basic
- 1995年 Delphi（Object Pascal）

　1995年には2つの歴史的なプログラミング言語が登場しています。1つがJavaです。登場後はWebブラウザのアプレットなど多様な用途で人気となりました。もう1つ、Webブラウザで動作するJavaScriptもこの年に登場しています。1995年に登場したこれら2つの言語は名前がそっくりですが、Javaが人気を博したため、JavaScriptはその人気にあやかる形で命名されました。開発会社のNetscapeとSun Microsystemsが業務提携していたという事情もあります。これらはいずれもオブジェクト指向言語であるなど共通点もありますが、名前が似ているだけで、全く異なるプログラミング言語です。

- 1995年 Java
- 1995年 JavaScript

2000年代のプログラミング言語

　2000年代、コンピューターやOSは順当に進化を重ねていきます。プログラミング言語の進化もこのころはある種の安定期にあり、1990年代に開発がはじまり進化を続けたJavaやRubyなどの言語が2000年代にも広く使われていました。プログラミング言語が徐々に高度になっていく中で、より安全で大規模な領域に適用できるプログラミング言語への関心が高まります。

　2002年にMicrosoftはCやC++を発展させ、より大規模なプログラムにも適用しやすいC#を公開します。C#は発表以降Microsoftが最も精力的に取り組む言語として、機能追加などが行われていきます。

　2003年にはスイスの大学（研究教育機関）EPFLに所属するMartin Odersky（マーティン・オダースキー）がJava仮想マシンで動作するScalaを公開します。ScalaはJavaのオブジェクト指向、関数型プログラミング言語の強力な機能のいいとこ取りともいえる言語です。

　これらの言語は、効率よく開発可能であるだけでなく、安全に複雑なプログラムを作ることを考慮しています。いずれの言語もJavaからの大きな影響を受けています。

- 2002年 C#
- 2003年 Scala

2006年にはクラウドのAmazon Web Services、2009年にはスマートフォンのiPhone 3GSの登場などのニュースもあります。これらの技術の影響は2010年代にますます大きくなっていきます。

2010年代前後のプログラミング言語

2010年代前後も2000年代から引き続きコンピューターの性能は順当に伸長していきます。Amazon、Google、Microsoftが積極的にクラウドサービスを展開していき、クラウドが一層存在感を増しました。またスマートフォンが本格的に普及しました。それに伴いプログラミングはますます大規模化していきます。そこから新しい要望が生まれます。より効率よく開発したい、より安全に開発したい、ビルド（コンパイル）速度を早くしたいといった要望です。

数多くの要望の内、CやC++並の性能を誇りつつ、比較的平易な文法で効率よく開発ができ、並行プログラミングなどの現代的な機能を使いこなせるという要望に応えたのがGoとRustです。

2009年には、GoogleがGoを発表しました。Googleは自社で利用していたプログラミング言語（C++やPython、Java）のビルドや可読性（ソースコードの理解しやすさ）に課題を感じてGoを開発します。GoはGoogle社内で広く使われるほか、コンテナ型仮想環境のDockerなど多くのプロジェクトで利用されています。

2010年にはMozillaがRustを発表しました。RustはWebブラウザFirefoxの開発に使われています。Rustは安全性を考慮しつつ、高速に動作するプログラミング言語ということWebブラウザのような動作速度と安全性を求められるソフトウェアに最適です。

・ 2009年 Go
・ 2010年 Rust

JavaやObjective-Cをよりモダンな言語で置き換えようという動きにより、KotlinやSwiftが登場しました。これらの言語はヌル安全など既存の言語に比べて安全に開発するための仕組みを備えています。

・ 2011年 Kotlin
・ 2014年 Swift

JavaScriptに静的型付け言語の機能を加え、大規模な開発でも活躍するようにTypeScriptも登場します。

・ 2014年 TypeScript

今も新たなプログラミング言語が開発されている

このように、これまでに多くのプログラミング言語が開発され利用されてきました。しかし、より素晴らしいプログラミング言語を目指して、新たなプログラミング言語の開発は、今も続けられています。

プログラミング言語の活躍するシーン

　世の中にはたくさんのプログラミング言語があり、それぞれ活用シーンが異なることは既に紹介しました。それでは、どのプログラミング言語をどのシーンで利用すれば良いでしょう。ここでは、代表的な分野とそこで活躍するプログラミング言語を紹介します。

Webアプリ（Webアプリケーション／Webサービス）

　私たちは、普段多くのWebアプリ（Webサービス）を利用しています。Gmailのようなメールサービス、Amazonなどのオンラインショッピングサイト（ECサイト）、友人や著名人の近況が分かるSNSなどさまざまなWebアプリがあります。

　Webアプリを作るには、どんなプログラミング言語が使われているのでしょうか？　Webアプリの性質上、サービスを提供するサーバーと、サービスを享受するクライアント（Webブラウザ）が存在します。

　Webサーバー側でよく使われるプログラミング言語は、PHP、Python、Ruby、Node.js（JavaScript）、Javaなどです。PerlはかつてPerl/CGIという技術でこの分野を席巻しました。現代もある程度使われています。Windows ServerだとC#が使われることもあります。

　クライアント側（Webブラウザ）で使われるのは、JavaScriptです。WebブラウザではJavaScriptとWebAssembly以外実行できないためです。

　Amazonアプリのように、スマートフォンアプリやデスクトップアプリからWebサーバーを利用するケースもあります。この場合もWebサーバーで使われているプログラミング言語はWebアプリで使われている言語と同様です。

- ★ PHP
- ★ Python
- ★ Ruby
- ★ Node.js
- ★ JavaScript
- ★ Java
- ▶ Perl
- ▶ C#
- ▶ Scala

スマートフォンアプリ

　スマートフォンの開発は、どのOSの開発を行うかで、利用するプログラミング言語が異なります。

　OSを提供するベンダーが開発キット（SDK）を公開する際、特定のプログラミング言語を要求するからです。AndroidであればJava・Kotlin、iOS系（iPhoneやiPad）であればObjective-C・Swiftが用いられます。

　ただし、あくまでもこれが基本というだけでDart（Flutter）やC#（Xamarin）、JavaScript（React Native他）、Delphiなどでスマートフォンアプリを作ることもできます。FlutterやReact Nativeはクロスプラットフォームを標榜し、1つのプログラミング言語で複数のスマートフォンOSで動作します。

- ★ Java
- ★ Kotlin
- ★ Objective-C
- ▶ Dart（Flutter）
- ▶ C#（Xamarin）
- ▶ JavaScript（React Nativeなど）

⭐ Swift

スマートフォンゲームについては「ゲーム制作」の項目を参照してください。

パソコン（デスクトップ）アプリ

デスクトップアプリケーションの開発もスマートフォンと少し状況が似ています。それぞれの OSごとに、GUIツールキットと言語が提供されていることが一般的です。クロスプラットフォーム（各OSで動作する）前提のものを除き基本的には移植性に乏しいため、自分が開発したいプラットフォームに応じて言語を選定する必要があります。

Windowsなら、MFCやWPFなどのGUIフレームワークがあり、主にC++やC#やVisual Basic が開発に用いられます。macOS（やiOS）のGUIフレームワークとしてSwiftUIなどがあり、Swift やObjective-Cが使われます。

近年はHTML/CSS/JavaScriptでデスクトップアプリを作ろうというElectronという技術も人気 です。これはブラウザを中心としたテクノロジーなので、クロスプラットフォームで比較的移植性 が高い特徴があります。

⭐ C++（Windows向けのMFCやWTL、クロスプラットフォームのQt）
⭐ C#（Windows向け）
⭐ Visual Basic（Windows向け）
⭐ Swift（macOS向け）
⭐ JavaScript（クロスプラットフォームのElectron）
▶ Objective-C（macOS向け）
▶ Object Pascal/Delphi
▶ C（クロスプラットフォームのGTK）

人工知能（AI）／機械学習

人工知能とは、人間の脳が行っている知的作業をコンピューターで模したソフトウェアやシステムのことです。画像認識や音声認識、機械翻訳やチャットボット、自動運転など、今ではさまざまな分野で人工知能が活用されています。

人工知能は幅広い分野を指しているので、分野ごとに使われているプログラミング言語は異なります。機械学習と呼ばれる一連の技術の中で人気があるのはPythonです。さらにRやC++がPythonに次ぐ人気を誇ります。JavaやJavaScriptなど既存の人気言語で機械学習をしようという試みも人気です。

現在人気のある機械学習を中心とした人工知能の文脈とは若干異なりますが、人工知能研究の初期にはLispやPrologが大きな影響力を持っていました。

⭐ Python　　　　　　　　▶ R
▶ C++

システムプログラミングや高性能ソフトウェアの開発

OSやデバイスドライバーなどのシステムプログラムと呼ばれる、基盤となるようなプログラム

には高速な応答性やメモリ効率の高さが求められます。似たような特性が求められる分野にはデータベース、Webブラウザなどのソフトウェアがあげられます。

これらのシステム開発に共通するのは、効率よくハードウェアの性能を最大限引き出すプログラミング言語が必要という点です。そのニーズから、C/C++がよく使われています。比較的新しいプロジェクトであれば、Rustなども利用されています。

OSなどコンピューターのシステムそのものを記述するために用いられる言語はシステムプログラミング言語とも呼ばれます。

⭐ C　　　　　　　　　　▶ Rust
⭐ C++　　　　　　　　　▶ Java

組み込み機器

組み込みとは、様々な機器に組み込まれる制御システムのことです。TVやオーディオ機器から自動車の制御を行うもの、また、工業機械の制御を行うものまであります。

もちろん、さまざまなシステムがあるので、一概には言えませんが、CやC++が多く利用されています。これは処理能力が限定されており、制限の多い環境でも動かしやすいC/C++が需要にマッチするためです。ある程度リッチ（処理能力が高い）な環境ならJavaも使われます。

最近では組み込み機器の性能も向上しており、汎用的なOSのLinuxなどが採用されています。例えばLinuxが動くRaspberry Piなどの小型コンピューターなら、Linux上で動くプログラミング言語であれば、Pythonなど何でも利用できます。ただ、やはり機器の性能を最大限活かすことのできる言語であるCが好まれます。

⭐ C　　　　　　　　　　▶ Java
▶ C++　　　　　　　　　▶ Python

ゲーム制作

ゲームが面白くて、夜更かしをしてしまう人は多いことでしょう。ゲームもプログラムです。当然プログラミング言語から作られます。

一口に「ゲーム」と言っても、最近では幅広いプラットフォームでゲームが遊ばれており、またゲームの性質（3Dゲームや簡単なクイズなど）も大きく変わります。それぞれに適した手段があります。

スマートフォンで動くちょっとしたクイズゲームを作るようなケースではKotlinやSwiftなどアプリを作るのと同じ言語で十分でしょう。あるいはWebアプリケーション（JavaScript）でも同様のことができるかもしれません。

ゲーム開発に特化したゲームエンジンもあります。ゲームエンジンUnityでは主にC#が、Unreal Engineでは主にC++が開発に用いられます。UnityやUnreal Engineは、スマートフォン／ゲーム機の本格的な3Dゲーム開発にも用いられます。

PlayStationなど家庭用ゲーム機向けのゲーム（コンシューマーゲーム）を作るには、ハードの性能を引き出す必要があるので、CやC++が多くの場面で使われてきました。

かつてはFlash（Action Script）がゲーム開発に用いられることも多くありましたが、近年ではWebブラウザがFlash Playerを使わなくなりつつあり、その数は大きく減少しています。その分がJavaScriptやC#、あるいはHaxeといった言語にある程度流入しています。

最近流行りのソーシャルゲームやオンライン対戦要素のあるゲームでは、Webアプリケーション（Webページを表示するというよりはデータのやりとりが中心のサーバーサイド）も重要になってきます。これらは先述のWebアプリケーションで紹介した言語が利用されます。

⭐ C++（Unreal Engine）　　🏷 C
⭐ C#（Unity）

コマンドラインツール

プログラマーはいわゆる黒い画面、コマンドラインインターフェースで作業をすることも多くあります。こういった開発を効率化するのがコマンドラインツールです。

コマンドラインツールに求められるのは提供したいプラットフォームできちんと動くこと（移植性）やツールの書きやすさなどです。

Cはコマンドラインツールを作成するのに定番の言語です。GNU Coreutilsと呼ばれる定番コマンドラインツール群はCで書かれています。他にはGitなどもC製です。

Goはポータビリティを重視したプログラミング言語で、外部ライブラリへの依存を減らしたり、それぞれのOS向けにビルドが簡単にできたりとコマンドラインツールとして配布しやすい特性を持ちます。

またmacOSやLinux系の多くのOSに搭載され、優れた互換性を誇るBashやPerlもこういった用途では人気です。似たようなところで、Pythonもコマンドラインツールを書く言語として一定の人気があります。WindowsならPowerShellの利用も考えられます。

🏷 C　　　　　　　　🏷 Perl
🏷 Go　　　　　　　🏷 Bash/Shell Script

その他の用途

ここまで上げた以外にも様々なプログラミング言語を使うべき用途があります。そのうちのいくつか見ていきましょう。

● プログラミング言語を作るためのプログラミング言語

Cはプログラミング言語を作るのに最も人気のある言語です。RubyやPythonは主にその言語自身とCで作られています。Haxeや、Facebook製のHackやReasonはOCaml製です。

🏷 C　　　　　　　　🏷 OCaml

● データベース操作

現在広く使われるデータベースの操作にはSQLという言語が使われています。SQL自体はプログラミング言語に分類されないことが多いです。

🏷 SQL

● スーパーコンピューター

スーパーコンピューターは一言で言うならすごい計算能力をもったコンピューターです。スー

パーコンピューターではC++とFortranの2つが主に用いられます。多くの人はスーパーコンピューター上で動作するプログラムを書くことはないでしょうが、知っておくと面白い知識です。

　▶ C++　　　　　　　　　▶ Fortran

● 銀行やトレードなどの金融関連のシステム

　金融機関では、様々なシステムが動いています。銀行の口座間でのお金の移動、ATMからのお金の引き出しに加え、オンラインバンキングなどの電子商取引など高い信頼性やレスポンスが求められる高度なプログラムが動いています。金融機関では大量の計算が行われるため、早い時代にコンピューターが導入されていました。メインフレームと呼ばれる巨大なコンピューターシステムです。

　メインフレームでは、COBOLが広く使われていました。そのため現代でも継続してCOBOLが使われています。比較的新しく作られたシステムでは、Javaも利用されています。

　▶ COBOL　　　　　　　　▶ Java

　トレードの世界では関数型プログラミング言語のOCamlやHaskellも活躍しています。トレードの世界では実行速度もさることながらバグが少なく安全性が高いこと、プログラミング言語の表現力の高さや正確性が求められるためです。

Column

● 仕事でどんなプログラミング言語が使われているのか気になったら

　もしも、あなたがITエンジニアを目指していて、気になる企業や業界でどんなプログラミング言語が使われているか気になるならおすすめの調査方法があります。

　ずばり、求人情報を確認するのです。必要スキル欄や優遇スキル欄にプログラミング言語が書いてあるはずです。

プログラミング言語を分類して考える

　本書ではプログラミング言語がどういった分類、パラダイムに含まれるものかをそれぞれの言語について記述しています。パラダイムとは、ある分野において規範となる物の見方や概念、文化を意味します。プログラミング言語におけるパラダイムとは、そのプログラミング言語の基本的な設計方針や構造を表すものです。新しいプログラムの開発を始める際、どのプログラミング言語を選ぶべきかを悩むことになります。その際、その言語のパラダイムを参考にして選択するのも有用です。

　例えば、大人数で開発することが決まっているのであれば、値のデータの種類による不具合を容易に検出できる静的型付けを持つプログラミング言語を選ぶのが好ましいと言えます。逆に、少人数の開発であり、開発速度を重視するならば動的型付けの言語を選ぶと良いでしょう。また、長期に渡り使われることが分かっており、メンテナンスが継続的に行われるのが予想されるならば、ライブラリの再利用や拡張が容易なオブジェクト指向を持つプログラミング言語を選ぶべきと言った具合です。

　ここからはプログラミング言語のパラダイムについて、簡単に紹介します。

プログラミング言語と型

　プログラミング言語の分類するための基準いくつかありますが、重要なものの1つに「型」の取り扱いがあります。**型**とは、ごく単純に説明するとデータの種類のことです。

　プログラミング言語には、大きく分けて動的型付けと静的型付けの言語があります。

　静的型付け（英語: Static typing）の言語とは、変数や関数の型が、プログラムの実行前に決まっている言語のことです。

　これに対して、**動的型付け**（英語: Dynamic typing）の言語とは、実行時に型が決まる（動的に型が決まる）言語のことです。

● 静的型付け

　静的型付けの言語は、型が厳格であるため、プログラムの実行前に型の正当性チェックを行うことができます。これを静的型検査と呼びます。プログラム実行前に型（データの種類）をチェックできるため、データの種類違いによるミスなどを防ぐことができます。

　加えて、統合開発環境などを利用することで、該当する型のプロパティやメソッドなどの自動補完機能を利用することもできます。しかし、その分、変数や関数の型を明示的に宣言する必要があります[1]。

　近年の静的型付け言語は強力な型に関する機能（エラー回避や可読性向上に役立つもの）を持つことも多く、そこが人気の源泉にもなっています。

静的型付けの代表的言語

▶ C	▶ Scala
▶ C++	▶ Haskell
▶ Java	▶ OCaml

● 動的型付け

　動的型付けの言語は、静的型付け言語とは異なり明示的な変数の型注釈ができません[2]。つまり

---

[1] 型推論などの例外も存在します。
[2] Pythonのtypingモジュールなどの例外もあります。

型を書く手間が必要ないというわけです。プログラムの実行時に変数の型が決定されるため、型が間違っている場合、実行時にエラーが出るか、暗黙的にその型に変換されます。

注釈や明示的型変換の手間が省ける代わりに、書き間違いの問題を事前に検出できないという問題があります。また、事前に型が判定できないので、プログラムの実行速度の最適化がしづらいという欠点もあります。

動的型付けの代表的言語

- Python
- Ruby
- Perl
- PHP
- Common Lisp
- Groovy

Column

● 静的型付けと動的型付けの歩み寄り

静的型付け言語と動的型付け言語は、お互い発展の中でそれぞれの優れた特徴をうまく取り入れています。

静的型付け言語の手間として頻繁に話題に上がるのが「型注釈を書くのが手間である」という点です。静的型付け言語は変数宣言時などに型を書くために、それらの必要がない動的型付け言語よりも手間が大きく増えるというものです。しかしながら、静的型付け言語のうち、型注釈を書くことを省略できる言語も実は数多くあります。この型を省略できる機能のことを型推論といいます。Haskell や OCaml などの静的型付け関数型言語は型推論が強力で大部分の型を書かずとも動作します。また、近年急速に人気を集める Go、Rust、Kotlin などの言語も型推論による記述の簡略化が可能です。

その対になるような現象も起きています。PHP や Python は動的型付け言語ながら、部分的に静的型付け言語の機能（型について情報を記述する型注釈など）を取り入れています。これらは Type Hinting や Type Annotation といいます。動的型付け言語に静的型付け言語の機能を部分的に取り込んでプログラムの堅牢さを増すことが最近は人気です。ただし、すべての動的型付け言語がこの潮流に従っているわけではありません。Ruby は作者自身が型を書きたくないと主張しており、型注釈なしに静的型検査を導入する方向を検討しています。

● 命令型と宣言型

プログラミング言語の分類として、プログラムで順に処理の方法（how）を書いていく**命令型**（命令型プログラミング、英語:Imperative programming）、プログラムで該当する条件やあるべき状態など処理の性質（what）を書く**宣言型**（宣言型プログラミング、英語:Declarative programming）の分類が知られています。

宣言型の代表として、データベースを操作する言語[*3]のSQLを考えてみましょう。例えば、SQLで姓名や生年などがまとまった顧客情報（users）の中から、生年（year）が1989年の人が何人いるのかを調べる場合、以下のようなコードを記述します。

```
SELECT count(*) FROM users WHERE year = 1989
```

このコードの中には、データベースの中をどのように探すとか、どのように条件に合った人を数えるのかなど、問題を解く手順や方法は書かれていません。

命令型でこの処理を書くならば、顧客（users）のデータについて、一件ずつ繰り返し生まれた年（year）を確認するのがシンプルな解決方法です。その際、条件分岐を用いて、顧客の生年が1989かどうかを調べ、合致するならカウンターを加算するといった処理を記述することになります。オ

[*3] プログラミング言語とは見なさないこともあります。本書でもプログラミング言語としては扱っていません。

ブジェクト形式の users データがあるという想定で、JavaScript の例を見ましょう。

```javascript
// 計測用の数値を用意する
let count = 0;
// 一件ずつ繰り返し処理
users.forEach( user => {
    // 生年が1989年か確認
    if (user.year === 1989) {
        count++
    }
})
// 件数を表示
console.log(count);
```

　今回は宣言型の方がシンプルに見える題材を選びましたが、用途によってやや向き不向きに違いがあるため一概にどちらが優れているとは言えません。また、宣言的な書き方と命令的な書き方の双方を達成できるプログラミング言語も数多くあります。JavaScript でも宣言的な書き方もできます。

```javascript
// users（データベース）から条件に一致するものを取り出して数を見る

users.filter(user => user.year === 1989).length
```

　あくまで目安として、命令型に分類されるものとして手続き型やオブジェクト指向、宣言型として分類されるものに論理型や関数型のパラダイムが挙げられます。先述のように多くのプログラミング言語で命令型的にも宣言型的にも記述できるため、本書ではこの分類は用いません。

▶ 命令型
・手続き型
・オブジェクト指向

▶ 宣言型
・論理型
・関数型

● **構造化と非構造化**

　構造化プログラミング（英語：Structured programming）とは、プログラムの逐次実行を前提とし、ifなどによる分岐、forなどによる繰り返し、任意の関数（などの手続き）の呼び出しを用いてプログラムの構造を記述するパラダイムです。プログラムを書いてみればわかるように、現代用いられるほぼすべての言語が持っている特徴です。このような特徴を持ち合わせないことを非構造化と呼びます。

　基本的には書籍中で扱うプログラミング言語では一部除き構造化プログラミングの要件を満たしているため、この分類は本書では用いません。

● **手続き型**

　手続き型プログラミング（英語：Procedural programing）とは、関数などで処理を構造化できる能力を持ったプログラミング言語です。関数で処理を構造化できるのは今となっては一般的な能力のため、手続き型プログラミング言語であることを強調する機会は多くありません。

　現代も活躍するプログラミング言語の内、オブジェクト指向的な書き方を用いることなくかつ関数型ともある程度距離がある言語、つまりCやGoなどの所属するパラダイムを示すのに用いられます。

代表的な手続き型の言語

 C

 Go

● オブジェクト指向

オブジェクト指向（オブジェクト指向プログラミング、英語: Object-Oriented Programming、OOP）とは、**オブジェクト**（対象となるモノ）を中心としてプログラムを構築するパラダイムです。

オブジェクト指向においては、データ構造や処理は、オブジェクトに包含されます。オブジェクトを起点に処理やデータ構造がまとめられています。このオブジェクト同士が互いに作用することで、プログラムを構築します。

オブジェクト指向は、手続き型から発展し、プログラムの構造を作る能力が向上したと考えてください。こういった発展の経緯があるため、JavaやJavaScriptなどのオブジェクト指向言語では手続き型的なコードを書くことが可能です。

以下のプログラムは、分かりやすいようにJavaScriptを利用して手続き型とオブジェクト指向を対比したものです。プログラムの❶から❸の部分までが手続き型、❹から❻の部分までがオブジェクト指向を使って書いたものです。どちらのプログラムも生年月日から年齢を調べるものです。

```javascript
// === 手続き型の場合 ===
// データを定義 ●――――――――――――――――――――――――――❶
const user = {name: 'kujira', year: 1990};
// データを処理する手続き（関数）を定義 ●――――――――――❷
function getAge(user) {
  const thisYear = (new Date()).getFullYear();
  return thisYear - user.year;
}
// データと手続きを利用する ●――――――――――――――――――❸
let age = getAge(user);
console.log('age=', age);
```

```javascript
// === オブジェクト指向の場合 ===
// ユーザークラスの定義 ●―――――――――――――――――――――❹
class User {
  constructor(name, year) {
    // 初期化メソッドでデータ（プロパティ）の定義
    this.name = name;
    this.year = year;
  }
  // クラス内でメソッドの定義 ●――――――――――――――――❺
  getAge() {
    const thisYear = (new Date()).getFullYear();
    return thisYear - this.year;
  }
}
// クラスを利用する ●―――――――――――――――――――――――❻
let u = new User('kujira', 1990);
console.log('age=', u.getAge());
```

手続き型のプログラムを見てみましょう。❶でユーザーデータを定義します。そして、❷で年齢を調べる処理を記述します。❸で実際にデータを手続きに与えて、年齢取得処理を実行します。

次にオブジェクト指向を見てみましょう。❹では、クラスと言ってオブジェクトの設計図の定義を行います。❺では年齢を調べる処理を記述します。❻では、オブジェクトを生成して、年齢取得処理を実行します。

このように、手続き型ではデータと関数（＝手続き）はそれぞれ別のものとして扱われています。対して、オブジェクト指向ではデータも手続きも一つのオブジェクトの中にまとめられています。オブジェクト指向はこういったプログラムを抽象化する能力を有し、プログラムを整理して書くのに適しています。

代表的なオブジェクト指向言語

▶ Java　　　　　　　　　　▶ Ruby
▶ JavaScript　　　　　　　▶ Python

● 関数型

　関数型（関数型プログラミング、英語：Functional programming）とは、複数の式を組み合わせてプログラムを作るパラダイムです。

　関数型の優れた点は多くの言語に輸出され、現代的な言語では、関数型のエッセンスを持ったオブジェクト指向のプログラミング言語も数多く見られます。あえて関数型プログラミング言語として表現するときはSchemeやHaskellやOCamlのように関数型プログラミング言語としてスタートし、優れた関数型らしい機能を有する言語を指すことが一般的です。

　JavaScriptにも関数型の影響は強く現れています。手続き型と関数型らしさのあるプログラムを確認してみましょう。以下は、配列aryの各値を3倍にするというプログラムです。

```javascript
const ary = [1, 2, 3, 4, 5];
// 手続き型でリストの値を3倍にする ●❶
const res = [];
for (let i = 0; i < ary.length; i++) {
  const v = ary[i];
  res.push(v * 3);
}
console.log(res);

// 関数型でリストの値を3倍にする ●❷
const x3 = x => x * 3
const res2 = ary.map(x3);
console.log(res2);
```

　プログラムの❶では、配列の各値をfor構文で愚直に繰り返し、値を三倍にするという処理になっています。これに対して、❷では、Array型に備わっているmapメソッドを用いて値を三倍にしています。mapメソッドは、引数として与えた関数オブジェクトを、配列の各要素に適用する機能を提供します。そのため、非常に簡潔に処理を記述できています。

　このように、関数型プログラミングでは、入力に対して結果を返すという機能だけの関数を用意して組み合わせることでプログラムを作成します。

　関数型はオブジェクト指向と対立するパラダイムのようにとらわれることがありますが、例に上げたJavaScriptのほかScalaなど数多くの言語でうまくオブジェクト指向と関数型が並立しています。また、本書で解説する関数型言語のFizzBuzzを見ると、関数型言語でパラダイムが違うと言ってもプログラミングに対する考え方を完全に変えるような必要はないことに気づきます。

代表的な関数型言語

▶ Haskell　　　　　　　　▶ OCaml

● 論理型
　　論理型（英語：Logic programming）とは、名前の通り論理を記述するプログラミング言語のパラダイムです。論理学の影響下にあります。例えば、「AはBである」という定義を記述していき、「CはBか？」などの条件を与えることで結果を求めるという言語です。代表的な論理型プログラミング言語はPrologです。

代表的な論理型言語
　　▶ Prolog

● マルチパラダイム
　　ここまでのJavaScriptの例を見ると明らかなように、手続き型、オブジェクト指向、関数型などのパラダイムは共存できるもので、それぞれ対立する概念ではありません。
　　マルチパラダイム（英語：Multiparadigm programming）は、複数のパラダイム（文化あるいは規範）つまり考え方や書き方に対応したプログラミング言語の総称です。例えば、Scalaはオブジェクト指向プログラミング言語でありつつ、関数型の手法も盛り込んでいます。程度の差はあれ、現在は多くの言語が複数のパラダイムに属しています。そのため、この概念を積極的には分類には用いません。代わりにそのプログラミング言語の性質として強いもの、例えばJavaScriptならオブジェクト指向といったポイントを紹介していきます。
　　ただ、Scalaのように意欲的に複数のパラダイムを採用している言語については書籍中でマルチパラダイム言語として強調して紹介しています。

代表的なマルチパラダイム言語
　　▶ Scala

● メタプログラミング
　　メタプログラミング（英語：Metaprogramming）とは、（別の）プログラムそのものを生成・処理するプログラムを用いるプログラミングパラダイムです。meta- という接頭辞の示すとおり、コードを1つ上の視点（メタな視点）から操る考え方です。
　　この説明だと少し分かりづらいですが、もう少し具体的な使い方を知るとイメージが付きやすいはずです。例えば、C++ではテンプレートとマクロを用いることで、コンパイル時に最適なプログラムを生成できます。コンパイル時の日付を定数としてプログラムに保存したり、コンパイル時に必要な計算の一部を終えてプログラムに保存したりといったプログラムの最適化を助けます。
　　多くは、マクロやテンプレートなどの言語機能により実現します。

代表的なメタプログラミングを有する言語
　　▶ C　　　　　　　　　　　　　　▶ Common Lisp
　　▶ C++（テンプレート）　　　　　▶ Ruby

● ビジュアルプログラミング
　　ビジュアルプログラミング（英語：Visual programming）とは、テキストで記述するのではなく、視覚的なインターフェイスを用いてプログラムを作成する言語です。マウスやタッチ操作によって、図形を並べることでプログラムを作ります。教育用途、バッチ処理の自動化など、特定分野において、テキストで記述するよりも分かりやすくなる場合もあります。
　　教育用では、ScratchやSqueak Etoysが有名です。音声、ビデオ、映像処理のためのリアルタイ

ムなグラフィカルプログラミング環境として、Pure DataやMaxなどがあります。そして、macOSには定型処理をドラッグ＆ドロップで処理するためにAutomatorが標準で搭載されています。

代表的なビジュアルプログラミング言語
▶ Scratch

● **コンパイルとインタプリタ**

　プログラミング言語の分類として**コンパイル**と**インタプリタ**を聞いたことがある人も多いでしょう。プログラムを実行するために、事前に（明示的な）コンパイルという手順を必要とするのがコンパイル言語、必要としないのがインタプリタ言語と本書では定義します。

　一般的にはC（gccなどのコンパイラ）、Java（javac）などがコンパイル言語、PerlやPHPなどがインタプリタ言語に分類されます。

　ただし、この分類は絶対的なものではないことに注意が必要です。反例がいくつもあるからです。一般にコンパイル言語に分類されるものがコンパイルなしで実行できたり、インタプリタ言語が内部的にソースコードをコンパイルしたりします。例えば、明示的なコンパイルを必要としないものの、JavaScriptは実行時にコンパイル（Just-In-Timeコンパイル、JITコンパイル）が行われることがあります。反対に、コンパイル言語の代表とされるJavaも現在（Java 11）では、明示的なコンパイルなしにソースコードファイルを実行できます。Scalaのように実際に利用する際はコンパイルすることが多いものの、インタプリタで実行ができる言語もあります。画一的な区分が難しいのです。

　一般にインタプリタ言語が手軽だが実行速度に課題があり、コンパイル言語はコンパイルの手間や時間がかかるが実行速度が早い、といった固有のトレードオフがあるとされてきました。近年ではこれらの課題も緩和されつつあります。インタプリタ言語は実行速度向上のためにJITコンパイルなどの様々な工夫をしてきました。また、コンパイル言語は簡易な即時実行コマンドやREPLの提供、コンパイル速度向上などの強化を行っています。それぞれの言語間の使い勝手の差異が少しずつ埋まりつつあります。

　こういった両者の区分が曖昧になりつつある現状を踏まえ、本書ではコンパイル／インタプリタの種別はそこまで重要なものではないと判断し、各言語には掲載していません。

Column

● **インタプリタは1行ずつ実行するのか**

　プログラミング言語の説明で、インタプリタをプログラムのソースコードを1行ずつ実行する仕組みとする説明が散見されますが、これには問題があります。インタプリタ型言語とされる言語において、プログラムを一行ずつ実行する処理系は現在メジャーではないからです。

　例えばインタプリタ型言語として親しまれるRubyはYARVと呼ばれるバイトコードインタプリタを用いています。バイトコードとは、プログラムのソースコードを解釈して生成した中間的な命令です。バイトコードインタプリタはこのバイトコードを実行します。つまり、Rubyはソースコードを一旦すべて解釈し、バイトコードに変換、それを実行しているわけです。1行ずつの逐次実行ではありません。

　Pythonも同様にバイトコードに変換された上で実行されます[*4]。

　プログラミング言語の作者は工夫をこらし、プログラムがより高速に動作するように開発を続けています。そのため、処理系はユーザーからは見えない部分で最適化を施すものです。こういった事情から我々が期待するような、1行ずつ解釈し実行しを繰り返すような素朴な動作のプログラミング言語処理系は現在あまりメジャーではありません。

[*4] Pythonではdisという標準ライブラリで逆アセンブル（バイトコードを読みやすい形に変換する）ことができます。
https://docs.python.org/3/library/dis.html

プログラミング言語を動かすには

　書いたプログラミング言語を動かすには、処理系と呼ばれるプログラムが必要です。Cならば gccなどのコンパイラ、Rubyならrubyコマンドなどのインタプリタを用意しなければ、まだテキストファイルでしか無いプログラムは動作させられません。

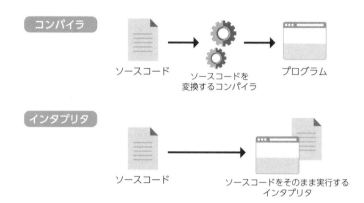

　ここでは、プログラムを動かすための一般的なノウハウを紹介していきます[1]。本書で紹介したプログラムを実行する参考にしてください。

　プログラム言語を書いてプログラムを動かすのに、現在では大きく分けて2つの方法があります。

- オンライン実行環境を用いる
- 自分のコンピューターの処理系で実行する

　オンライン実行環境とは名前の通り、オンラインでプログラムを実行できる環境です。ブラウザでサービスにアクセスすると、サービス側で用意した環境でプログラムが実行できます。これらは実用的なものというよりは、試しに動かしてみようという性質が強いものです。第三者がサービスを提供していることも多いですが、HaskellやGoでは言語提供元がオンライン実行環境を用意しています。**オンラインREPL**とも呼びます。

　自分のコンピューターの処理系で実行するというのは、プログラムを実行するための処理系をパソコンにインストールする方法のことです。各プログラミング言語を手元で動作させようとしたとき、PowerShellやAppleScriptやBashなど一部の環境であらかじめ処理系が入っているものを除けば、処理系をインストールしなければ実行できません。かつてはCDなどの媒体を用いたインストールもありましたが、現在は一般的にWeb上で公開されている処理系をダウンロードしてインストールする方法が主流です。インストールの方法は各OSごとに違うため、各プログラミング言語の公式Webサイトなどを確認することをおすすめします。

　なおプログラミング言語の中には特定のOS向けで他の環境では使えないものなどもあります。

---

[1] 本書では各言語の詳細な利用方法やインストールについては解説しません。これらについては各言語に掲載してある公式Webサイトなどを確認してください。

オンラインREPLで試す

　手軽な方法はブラウザからアクセスしてオンライン上で実行できるプログラミング実行環境、オンラインREPLと呼ばれるサービスを用いることでしょう。オンラインREPLにはいくつか種類がありますが、本書では最も人気のあるサービスrepl.it[*2]をおすすめします。

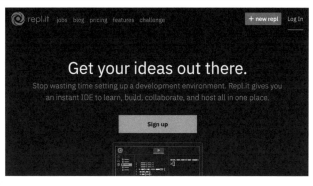

　ブラウザでrepl.it（https://repl.it）を開いて、「new repl」をクリックし、利用したい言語→「create repl」をクリックすると、その言語のREPL（対話型の実行環境）が表示されます。

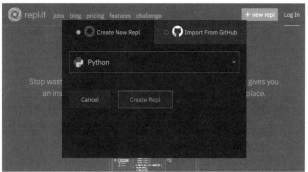

　オンラインREPLの画面です。repl.itの場合は画面左側がコード入力欄、右側が実行結果などを表示する欄です。

[*2]　https://repl.it

例で用いているPythonの場合、REPLの右側にコードを入力して、Enterキーを押すことでも実行できます。

　オンラインREPLには他にideone[*3]、paiza.io[*4]、wandbox[*5]などのサービスがあります。それぞれ取り扱っている言語やサービス内容などが異なるので、興味があれば試してみても面白いでしょう。プログラミング言語をインストールする場合と比べて手軽ですが、あくまでも簡易的な実行環境を用意するだけなので本格的な開発には不向きです。

各プログラミング言語のインストール

　プログラミング言語のインストール方法は言語やOSごとに異なります。多くはプログラミング言語の公式Webサイトを見ればインストール方法が載っているため、すべての解説はしません。
　ここでは、一般的な手順やいくつかの言語のインストール例を示します。

Windowsでのプログラミング言語のインストール

　Windowsでプログラミング言語をインストールするときは、主にプログラミング言語が公式に提供しているインストーラーを用います。各言語のWebサイトでダウンロードリンクをクリックし、後はファイルを開いて指示に従うだけで導入できます。主要な言語はだいたいWindowsに対応しているものの、公式なインストーラーを提供していない言語が少なくない点は注意が必要です。

　Pythonの場合はpython.orgをWebブラウザで開いて、Downloads→「Download Python...」のリンクをクリックすることで最新版インストーラーがダウンロードできます。後はそれを実行するだけです。

＊3　https://ideone.com/
＊4　https://paiza.io/ja
＊5　https://wandbox.org/

Windows では、C/C++ や C# などいくつかの言語について、Visual Studio を用いた開発と MinGW などのツールを用いた開発の 2 つのパターンが考えられます。

Visual Studio[6] は Microsoft の統合開発環境で C/C++/C# などの実行環境に加えて、エディターやデバッガーなど多数の開発向けツールが一体となったものです。これを入れるだけで開発が一式でできるもの、機能が多いため慣れていないと難しいこともあるかもしれません。

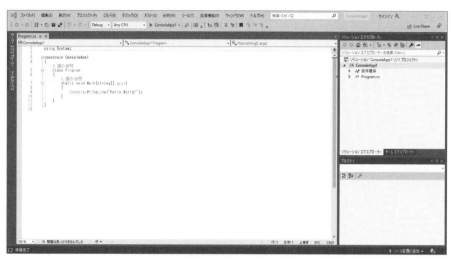

Visual Studio

MinGW[7] などの処理系を導入する場合は、コマンドプロンプトや PowerShell といった CLI 環境で操作します。MinGW を使う場合はある程度コマンドラインの操作になれている必要があります。

また、Windows 10 では WSL という Ubuntu が Linux 上で利用できる機能も備えているため、WSL を使っていれば Ubuntu の箇所も参考にできます。

macOS でのプログラミング言語のインストール

macOS で Swift や Objective-C などのプログラミング言語を使うには、Xcode を導入するのが確実でしょう。Xcode は App Store から無料で入手できるプログラミング開発環境です。Xcode を入れれば Swift や Objective-C の開発環境はそれだけで整います。

---

* 6 https://visualstudio.microsoft.com/ja/downloads/

* 7 https://sourceforge.net/projects/mingw-w64/

macOS では Windows と同じようにインストラーを使うこともできますが、Homebrew[8] という**パッケージ管理ツール**（ソフトウェア管理ツール）が人気です。これでプログラミング言語の処理系を追加できます。いわゆるコマンドラインツールなので、プログラミング言語を初めて学ぶ人には少し難しいところもあるかもしれません。ターミナル.app を開いて下記コマンドを実行していくことで動作します。macOS では一部のソフトウェアのインストールには xcode-select という別ツールを用います。また TypeScript などの言語は npm でインストールします。

```
/bin/bash -c "$(curl -fsSL https://raw.githubusercontent.com/Homebrew/install/master/install.sh)"
# C/C++ などの開発者ツール
xcode-select --install

# Go/Node.js/Python/Ruby/PHP/Lua
brew install go node python ruby php lua

# CoffeeScript と TypeScript となでしこ v3（Node.js と npm が必要）
npm install -g coffeescript typescript nadesiko3

# SDKMAN というツールで Java/Scala/Kotlin
curl -s https://get.sdkman.io | bash
source ~/.sdkman/bin/sdkman-init.sh
sdk install java && sdk install scala && sdk install kotlin
```

Ubuntu でのプログラミング言語のインストール

代表的な Linux ディストリビューションの Ubuntu は apt というコマンドラインで使うパッケージ管理ツールで、比較的簡単にプログラミング言語の処理系を追加できます。apt で追加できるソフトウェアは最新版ではないこともあるので、その点が気になる場合はやはり公式 Web サイトなどに掲載されている手順を参考にするのがいいでしょう。

apt やその他のツールでプログラミング言語処理系の内いくつかを取得する例を示します。apt search '言語名' というコマンドで apt 内にそのプログラミング言語処理系があるか探せます。

```
# 共通
# 確認を減らしたい場合は書きのコメント行のコメントを外す
# ENV DEBIAN_FRONTEND=noninteractive
sudo apt update
sudo apt upgrade -y
sudo apt install -y curl gnupg ca-certificates

# C/C++
sudo apt install -y gcc g++ build-essential

# C# (Mono)　事前に処理が必要
echo "deb https://download.mono-project.com/repo/ubuntu stable-bionic main" | sudo tee /etc/apt/sources.list.d/mono-official-stable.list
```

＊8　https://brew.sh/index_ja

```
sudo apt-key adv --keyserver hkp://keyserver.ubuntu.com:80 --recv-keys 3FA7E0328081BFF6A14DA29AA6A19B38D3
D831EF
sudo apt install -y mono-devel

# Ruby/PHP
sudo apt install -y ruby php

# JavaScript (Node.js) と npm
sudo apt install -y nodejs npm

# CoffeeScriptとTypeScriptとなでしこv3（Node.jsとnpmが必要）
sudo npm install -g coffeescript typescript nadesiko3

# SDKMANというツールでJava/Scala/Kotlin
curl -s https://get.sdkman.io | bash
source ~/.sdkman/bin/sdkman-init.sh
sdk install java && sdk install scala && sdk install kotlin
```

　brew と apt の違いはあれど、macOS はよく似ています。macOS と Linux はともに Unix 系で操作系統に共通したところもあります。

Column

◉ FizzBuzz 問題について

　『FizzBuzz(読み方：フィズ・バズ)』とは、英語圏でドライブやパーティーの時に楽しむ言葉遊びのことです。このゲームでは、プレイヤーは円状に座り、順に数字を数えていきます。ただし、3の倍数の時は「Fizz」、5の倍数では「Buzz」、3と5の倍数(つまり両者の公倍数の時)には、「FizzBuzz」と言います。もし、間違えた場合は脱落となります。

　そして、このゲームを、プログラミングで解いていくのが、FizzBuzz問題です。このFizzBuzz問題が有名になったのには、ある逸話があります。それは、2007年にJeff Atwood氏が書いたブログ記事「どうしてプログラマに・・・プログラムが書けないのか?」にあります[9]。

　このブログの中では、「プログラミングの仕事への応募者200人中199人は、まったくコードが書けないので苦労している」という驚くべき報告がなされています。このブログは、2007年のものなのですが……、実際、今でも大学でコンピューターサイエンスを学んだものの、実際にまともなプログラムを書くことができない人がいるようです。

　それで、プログラミングができるかどうかを見分けるのに有効なのが、このFizzBuzz問題です。この問題は、次のようなものです。

　1から100までの数を画面に出力するプログラムを書いてください。ただし3の倍数のときは数の代わりに「Fizz」、5の倍数のときは「Buzz」と出力し、3と5両方の倍数の場合には「FizzBuzz」と出力してください。

　実際に出力する答えは、次のようなものです。

＊9　"Why Can't Programmers.. Program?"　http://www.codinghorror.com/blog/archives/000781.html

1	26	Fizz	76
2	Fizz	52	77
Fizz	28	53	Fizz
4	29	Fizz	79
Buzz	FizzBuzz	Buzz	Buzz
Fizz	31	56	Fizz
7	32	Fizz	82
8	Fizz	58	83
Fizz	34	59	Fizz
Buzz	Buzz	FizzBuzz	Buzz
11	Fizz	61	86
Fizz	37	62	Fizz
13	38	Fizz	88
14	Fizz	64	89
FizzBuzz	Buzz	Buzz	FizzBuzz
16	41	Fizz	91
17	Fizz	67	92
Fizz	43	68	Fizz
19	44	Fizz	94
Buzz	FizzBuzz	Buzz	Buzz
Fizz	46	71	Fizz
22	47	Fizz	97
23	Fizz	73	98
Fizz	49	74	Fizz
Buzz	Buzz	FizzBuzz	Buzz

　この問題を解くプログラムは、この本のいろいろなところに出てきます。こうした基本的なプログラムを確認することによって、プログラミングの雰囲気を感じることができるからです。

　この問題を解くには、変数や四則演算、また繰り返し（フロー制御）といったプログラミングの基礎をマスターしている必要があります。コーディングテスト（就職活動でのコード理解度のテスト）でも用いられることがあり、FizzBuzz問題によって、その言語で基本的なプログラミングができるかどうかを見分けられます。

　ただし、FizzBuzzだけでそれぞれのプログラミング言語の特徴が完全にわかるわけではありません。これは注意が必要なポイントです。例えば、Rubyのような動的型付け言語で簡潔な書き味を強みとする言語ならFizzBuzzはごく簡単に書けるでしょう。対してJavaのような静的型付けで、記述がやや柔軟性に乏しい言語だとFizzBuzzを書くのが少し面倒かもしれません。

　FizzBuzzでわかるのはあくまでも言語の特徴の一部、FizzBuzzを書く上での両言語の強み・弱みです。より実践的なプログラムを書く上ではそれぞれ違う特徴が出てきます。この点には注意しておきましょう。

プログラミング言語大全

プログラミング言語をそれぞれの分類や関連、用途ごとにある程度並べて記載しています。好きなところから読んでも、最初から順番に読んでも楽しめます。

▼ 高速・省リソースで現在も活躍する言語

C

シー

容易度	★★☆☆☆
将来性	★★★☆☆
普及度	★★★★★
保守性	★★★☆☆
中毒性	★★★★☆

開発者	分類	影響を受けた言語	影響を与えた言語
Dennis MacAlistair Ritchie（デニス・マカリスタ・リッチー）	静的型付け、手続き型	B言語、Assembly、Fortran	C++、C#、Java、Go、JavaScript、PHP...現代の主要な言語のほぼすべて

Webサイト	http://www.open-std.org/jtc1/sc22/wg14/

言語の特徴 主要なプログラミング言語に大きな影響 現役でも活躍中

　C（C言語）は現代の主要なプログラミング言語[1]に多大な影響を与えた「祖先」ともいえる言語です。誕生も1972年と古く、初期のプログラミング言語の1つです。歴史ある言語ですが、プログラムの実行速度やメモリの使用効率に非常に優れているので現役で活躍し続けています。そのため、仕様[2]やコンパイラは現在でも更新されています。主要言語の祖先という出自から、大学などの教育機関で学ぶことも多い言語です。しかし、メモリ管理が複雑であり、最新の言語に比べて文法が不親切であるため、習得難易度はやや高めです。Cだけだと判読しづらいので「C言語」と呼ぶことも多いです。

Cは最も基礎的なプログラミング言語

スピードと実行効率に優れる。そのため、これらが重要な組み込みシステムやOSには欠かせない存在だ。使いこなせば最高速のプログラミング言語となるが習得は少し難しい。

---

[1]　C++, Java, PHP, JavaScriptなど。
[2]　プログラミング言語の文法など。

言語の歴史

1972年、当時コンピューター研究の最先端だったAT&Tベル研究所で、Dennis MacAlistaier Ritchie によって開発されました。同じくベル研究所で開発されていたB言語をベースに開発されたため、それに続く言語としてCと名づけられたとされています。

厳密にはCの開発者ではありませんが、前身となるBを開発したKen Thompsonや、『プログラミング言語C（通称K&R）』という解説書をRitchie氏とともに著したBrian Wilson KernighanもCに関連して有名です。

活躍するシーン

`OS` `コマンドラインツール` `組み込み` `プログラミング言語`

AndroidのベースであるLinuxはほぼすべての部分がCで書かれています。Cの素早い応答性などがその理由の1つでしょう。他には速度に加えてメモリーの使用効率が求められる組み込みシステムにも用いられます。プログラミング言語の開発に使われることが多くRubyやPythonは言語の基本的な部分がC製です。その他にも著名なバージョン管理システムのgitなどのコマンドライン上で実行されるツールにCで書かれたものがあります。Cはガベージコレクションとよばれるメモリ管理機能などがなく、オーバーヘッドなしにプログラムを実行できます。

コンパイラ

Cはいわゆるコンパイル言語です。ソースコードを実行可能なバイナリに変換するコンパイルが必要となりますが、この過程を経るためパフォーマンス的に優れたバイナリ[*3]を生成できます。Cは複数の人気処理系（コンパイラ）が共存しています。

ヘッダファイル

共通の処理などを「ヘッダファイル」という仕組みで管理しています。プログラムにこのヘッダファイルを使いますという指定をして利用します。標準入出力（Standard I/O）の機能をまとめたstdio.hはプログラミング入門で多くの人が目にするでしょう。

C言語ファミリー

特にCからの影響が強いC++とObjective Cを、Cと合わせてC言語ファミリーと呼ぶことがあります。多くの言語に影響を与えたCですが、これら2つは特に多くの部分がCに由来します。

Column

Ritchie氏はCだけでなく、多くの分野でコンピューターの発展に寄与しています。Cと並び著名な貢献は、現在のAndroidスマートフォンやiPhoneのOSにも影響を与えている、UNIXというOSの開発です。

現代の主要プログラミング言語、現代の主要スマートフォンOSのいずれもRitchie氏なしには存在しなかったことになります。

コード   CのFizzBuzz

CのFizzBuzzです。『FizzBuzz問題』について詳しい解説は、P.049を読んで確認してください。Cはプログラムのキーワードやカッコの使い方など、ほかの言語に大きな影響を与えています。基本的な以下のプログラムを他の言語と見比べてみると良いでしょう。

▶ fizzbuzz.c

```c
// ヘッダファイルの取り込み
#include<stdio.h>

// 最初に実行されるmain関数
int main(void) {
  int i;
  for(i = 1; i <= 100; ++i) { //
    if (i % 3 == 0 && i % 5 == 0) {
      printf("FizzBuzz");
    } else if (i % 3 == 0) {
      printf("Fizz");
    } else if (i % 5 == 0) {
      printf("Buzz");
    } else {
      printf("%d", i);
    }
    printf("\n");
  }
  return 0;
}
```

標準入出力（コマンドラインでの表示や文字の受け取り）を行うためにヘッダファイルを読み込みます。

繰り返しプログラムを処理するためのfor文。多くのプログラミング言語でこのC言語方式のfor文が使われます。

---

*3 実行ファイル

ポインタ

Cの特徴の一つが**ポインタ**です。ポインタとは、変数のアドレスを記憶するもののことです。コンピューターの記憶領域であるメモリには、番号が振られており、これを**アドレス**と呼んでいます。ポインタを使うことで、関数や変数の参照先の受け渡しができたり、複数のデータを効率よく扱うことができたりするようになり、高度なプログラミングが可能です。ただ、ポインタはCへの理解が進まない段階だと難しく、Cが難解と言われる原因の1つになっています。

Cと仕様

歴史の長いCは複数のコンパイラ（プログラミング言語を実行するためのプログラム）が開発されてきました。その際、独自のルールが持ち込まれ互換性が失われてしまうようなケースが出てきました。そのため、ANSI、ISO、JIS[4]などの標準化機関によって、Cの仕様が定められました。現在はこの仕様を各コンパイラが追従していくようなかたちをとっています。

代表的なCコンパイラ

Cは実行するためにコンパイルという過程が必要で、これには**コンパイラ**というソフトウェアを用います。Cの規格に基づいた有名なコンパイラ『gcc (GNU C Compiler)』と『Clang』があります。この二つは共にオープンソースで、広く利用されています。GCC/ClangともにLinuxやmacOSなどのUnix系OSで人気があります。Windows用であればVisual C++[5]が人気です。gccをWindows用に移植したMinGWもあります。

なぜCはいまだに人気なのか

Cの特徴は何と言っても、「汎用性が高いこと[6]」と「動作速度が高速なこと」です。OSや機器のスペックを選ばずどこでも高速に使えるため、OSなどシステム基盤の開発で多く用いられています。

パソコンだけでなく、自動車や家電の組み込みマイコンまで、様々な機器のプログラムを作れます。プログラムのオーバーヘッド[7]を極限まで少なくしているため、計算能力の高くない機器にも搭載できます。

さらに、Cは歴史ある言語なので、コード資産や技術資料、ライブラリも多く蓄積されています。動作実績が豊富なプログラミング言語は実際の開発で重宝されます。ただし、Cは出自の古い言語で、現在では当たり前のパッケージマネージャが未整備[8]だったり、言語が制御できる範囲が多く単純に難し

---

[4] ANSIがアメリカ規格協会、ISOが国際標準化機構、JISが日本産業規格の略称。プログラミング言語の仕様の制定・管理などを行います。
[5] Microsoft Visual C++、略してMSVC。C++という名前だがCコンパイラも含む。
[6] 汎用性とは、ここでは機器を問わずに動作することを意味します。用途については活躍するシーンを見てください。
[7] ある機能を実現するのにかかる余計なコスト。
[8] 有志によるパッケージマネージャはいくつか存在しますがデファクトと呼べるものはありません。

かったりと開発上の難点もいくつか存在します。それを補ってありあまるだけの魅力のある言語ですが、初めて学ぶには難しいところもあるかもしれません。

システムプログラミング

CやC++、Rustなどの一部のプログラミング言語だけが達成できる用途に**システムプログラミング**が存在します。システムプログラミングとはOSやコンパイラなどの領域の、ハードウェアにより近いプログラミングの分野です。これらは、動作が高速でオーバーヘッドが少ない、メモリ操作などハードウェア関連の操作が容易なことが求められます。Cはハードウェアに最適化したチューニングやメモリ管理が可能なため、システムプログラミング向けの言語として人気が高いです。同様に組み込みでもこれらの特徴から人気を集めます。Cのメモリ管理などの難しさは実はシステムプログラミング言語としての柔軟さと表裏一体の関係にあるものです。

コード マクロを使ったCのプログラム

先ほど紹介したFizzBuzzのプログラムですが、もう少しCらしく書くと以下のようになります。Cでは強力なマクロが利用可能なので、マクロを利用し、また、Cの特徴であるポインタを利用して書き換えてみました。

▶ fizzbuzz2.c

```
#include<stdio.h>

// マクロを定義
#define IS_FIZZ(i) (i % 3 == 0)
#define IS_BUZZ(i) (i % 5 == 0)

// 変数の定義
char buf[256];

// FizzBuzzを返す関数を定義
char* fizzbuzz(int i) {
  // 条件を次々と判定する
  if (IS_FIZZ(i) && IS_BUZZ(i)) return "FizzBuzz";
  if (IS_FIZZ(i)) return "Fizz";
  if (IS_BUZZ(i)) return "Buzz";
  sprintf(buf, "%d", i);
  return buf;
}

// メイン関数
int main(void) {
  // 繰り返しfizzbuzz関数を呼び出す
  int i;
  for(i = 1; i <= 100; ++i) {
    printf("%s\n", fizzbuzz(i));
  }
  return 0;
}
```

Cの強力な機能マクロを定義しています。ここでは、FizzとBuzzの条件を判定するマクロを定義しています。

Cには文字列型がありません。1バイトの文字を表すchar型の配列として表現します。

FizzBuzzの値を返す関数を定義します。マクロを利用して次々とFizzBuzzの条件を判定します。

メイン関数では100回繰り返しfizzbuzz関数を呼び出します。

▼ Google発！　高速な現代的言語

Go

ゴー

容易度	★★★★☆
将来性	★★★★☆
普及度	★★☆☆☆
保守性	★★★★☆
中毒性	★★★☆☆

開発者	分類	影響を受けた言語	影響を与えた言語
Google、Robert Griesemer（ロバート・グリジマー）、Rob Pike（ロブ・パイク）、Ken Thompson（ケン・トンプソン）	静的型付け、手続き型、並行	C、Python、Limbo、Pascal、Smalltalk、Newsqueak、Modula-2	Crystal

Webサイト	https://golang.org

言語の特徴 Cに文法の影響を受けた並行実行などに優れる言語

　Go は Google 発の言語です。Google が自社の開発で抱えていた課題、ビルドの遅さや非効率な開発スタイルを解決するために生まれました。クラウドでの開発も当初から視野に入っているなど現代的な言語です。ガベージコレクションを標準で備える他、Goroutine という優れた並行処理、型推論などの機能があります。開発ツールの充実も有名です。主要OS[1]で動作し、仮想環境のDockerなど多くのプロジェクトで利用されています。文法は学習者の多いCの影響を程よく残していますが、用途は必ずしも一致しません。「Go」だけだと検索しづらいという理由もあり「golang」や「Go言語」と呼ばれています。

Goは書きやすさと速度を両立

Goは生産性と性能の両方を重視した言語。Googleのソフトウェア開発の実践から生まれたため、実用性が高い。

＊1　Windows/macOS/Linux

言語の歴史

　Goは2009年に発表されました。当初はLinuxとmacOSのみのサポートでしたが、2012年のバージョン1.0でWindowsもサポートされるようになりました。バージョン1.0のリリース以降、高速性と書きやすさを背景にGoogleを含め他社のプロジェクトで使われるようになりました。着実なバージョンアップでGoの評判は良くなり、DockerやDropbox、日本ではメルカリなど大手のプロジェクトでの採用事例が増えていきました。現在では定番言語の1つとも言えます。Googleの経験からC++やJavaで達成できなかった課題に対応しているのも人気の理由です。

 ## 活躍するシーン

`コマンドライン` `Webアプリケーション（APIサーバー）` `クラウド`

　実行速度や型の便利さを理由にRubyやPythonで実装されたコマンドラインツールやWebアプリケーションの書き換えに用いられることがあります。文法や開発者[2]からCと同等の機能や用途を想像します[3]が、実際には適用領域が違い、GoはCがあまり得意ではないWebアプリケーションの開発も得意です。クラウドやコンテナ[4]との親和性が高いのも特徴です。

コンパイルがすごい

　Goの特徴の1つに使いやすいコンパイルが上げられます。コンパイルが高速なのはもちろん、あるOSから複数のOS向けにコンパイルできるクロスコンパイル、依存ファイルを外部に持たないシングルバイナリ[5]生成などの機能を有します。

使いやすい言語仕様やツール群

　Goは使いやすい機能をきっちり言語内で揃えているのが特徴です。言語仕様では、型推論で変数の型を（一部）省略できるなど随所で書きやすさが配慮されています。また、他のプログラミング言語では外部に用意しがちな便利なツールを公式提供しています。ソースコード整形のgofmt、パッケージマネージャー的な機能を言語仕様に取り込んだimportなどが特徴です。

並行処理 - Goroutine

　Goの並行処理、Goroutineは強力です。並行処理とはある処理を行いながら、時折別の処理を並行して進めることで全体としての処理を早く進めることです。マルチコアCPUが当たり前になりつつある現代では、この機能は性能を出すのに重要です。他の言語でも似たような機能[6]はあるものの、GoはGoroutineが構文に組み込まれているので手軽に記述でき、かつ競合状態が起きづらく使いやすいなどメリットが数多くあります。

Column

　Goの設計者らは、「多くの人が親しんだCのような文法を踏襲すること」「JavaやC++ように静的型付け言語で巨大なシステムに使えつつ、これらより高速にコンパイルできること」「PythonやJavaScriptのように軽く書けるが、コンパイルによるチェックや最適化が可能であること」「並行処理を言語のレベルでサポートすること」を考慮しており、これまでの言語の良いところを組み合わせつつ、新機軸を盛り込んだ言語を目指したことが分かります。

コード | Go の FizzBuzz

　GoでFizzBuzzのプログラムを書いてみます。

```go
package main // パッケージの指定

import ("fmt") // 基本ライブラリの取込み

func main() { // メイン関数
    for i := 1; i <= 100; i++ {
        result := FizzBuzz(i)
        fmt.Println(result)
    }
}

func FizzBuzz(i int) (string) { //
    switch { //
    case i % 3 == 0 && i % 5 == 0:
        return "FizzBuzz"
```

Goではプログラムは必ず何かしらのパッケージに属します。同じパッケージ内であれば関数等に自由にアクセスできます。

▶ fizzbuzz.go

外部のパッケージを利用する際には、importでパッケージを取り込む必要があります。

メイン関数の定義。1から100まで繰り返しFizzBuzz関数を呼び出します。

戻り値がstring型であるFizzBuzz関数の定義。switch構文を使って次々と条件を判定します。

（5テキストなし）

＊2　Ken ThompsonはCの書籍で有名。
＊3　用途としてライバルになるのはPythonやRubyのようなスクリプト言語、Java、C++などの動作の高速さと機能の豊富さを兼ね備えた静的型付け言語です。
＊4　DockerやKubernetesなどの実行環境。
＊5　アプリケーションをサーバーにデプロイしたり、Dockerコンテナ内で利用したりするとき便利です。
＊6　JavaやC++のスレッドなど。

```
    case i % 3 == 0:
        return "Fizz"
    case i % 5 == 0:
        return "Buzz"
    default:
        return fmt.Sprint(i)
    }
}
```

ガベージコレクション

　Cの影響を受けつつ、Goは現代的な機能を積極的に取り入れ、別の言語として成立しています。中でも特筆すべきはガベージコレクションです。これは、プログラムが動的に確保したメモリ領域を自動で解放する機能で、現在の主流なプログラミング言語の多くは備えているものです。ただし、C/C++には存在しません。C/C++の開発では、メモリ管理を自身で記述しなくてはならないため、メモリの解放を忘れたときのバグであるメモリリークや、誤って使用中のメモリを解放したり書き換えたりするメモリ破壊が起きることがあります。Goでは自動でメモリ管理を行うため、面倒なメモリ管理の手間が大幅に軽減されます。ガベージコレクション以外にも、GoはCとは異なるコンセプトで機能を追加しており、独自の立ち位置を獲得しています。便利な機能を数多く手に入れた反面、組み込みなど一部のCが得意な用途にはCほど向いていません。

オブジェクト指向をサポートしていない

　Goはオブジェクト指向言語ではありません。クラスや継承の概念がなく、JavaやC++のようなオブジェクト指向の言語とは考え方が多少違います。これだけだと不便そうに思えますが、Goでは構造体がある程度ニーズを満たします。構造体はフィールドとメソッドを定義できるもので、オブジェクト指向のクラスと部分的に似たような使い方ができます。

GAE（Google App Engine）はじめクラウドで広く使われる

　GAE（Google App Engine）とは、Googleの提供するクラウドサービスの一つで、開発したプログラムをGoogleのインフラ上で実行できます。オートスケールの機能があり、アクセス数の増減に合わせて、自動的にインスタンスの追加と削除が行われます。そのため、OSやデータベースなどインフラの管理の手間が大幅に削減できます。Googleのサービスだけあって、PHPやPython、Javaに加えて、Goもサポートされています。

　このGAEはじめ、AWS Lambdaなど各種クラウドサービスでGoはデフォルトで利用できるなど広く支持されています。Goはクラウドで活用される言語として存在感を高めています。

高速でシンプル

　改めてGoの魅力を一言で表すと「高速でシンプル」になるでしょう。コンパイルが高速であること、また実行速度も速いこと、メモリ管理の面から見ても安全性が高いこと、非同期処理が言語レベルでサポートされていることなどが、Go言語の魅力です。

> コード ｜ Goで構造体を使ったFizzBuzz問題

　Goの構造体を使って、FizzBuzzのプログラムを書いてみます。構造体と構造体で利用するメソッドを定義し、FizzBuzz問題を解きます。

▶ fizzbuzz2.go

```go
package main
import ("fmt")

// メイン関数
func main() {
    // 構造体を生成して初期化          構造体を生成し、初期化したらRunメソッドを呼び出します。
    fb := FizzBuzz{1, 100}
    fb.Run() // 実行
}

// FizzBuzz構造体を定義              構造体FizzBuzzを定義します。
type FizzBuzz struct {
    Cur int
    Max int
}
// 構造体FizzBuzzで処理実行のメソッド     構造体FizzBuzzで利用するRunメソッドを定義します。
func (p *FizzBuzz) Run() {
    // 指定回数だけ繰り返す            for構文で繰り返しgetValurメソッドを呼び出します。
    for ; p.Cur <= p.Max; p.Cur++ {   構造体のフィールドCurからMaxまで繰り返します。
        fmt.Println(p.GetValue())
    }
}
// 構造体FizzBuzzで条件を判定するメソッド   構造体FizzBuzzで使えるFizzとBuzzの条件を判定する
func (p* FizzBuzz) IsFizz() bool {     メソッドを定義します。
    return p.Cur % 3 == 0
}
func (p* FizzBuzz) IsBuzz() bool {
    return p.Cur % 5 == 0
}
// 構造体FizzBuzzでFizzBuzzの値を取得するメソッド   構造体FizzBuzzで使える値を返すメソッドを定義します。
func (p *FizzBuzz) GetValue() string {
    switch {
    case p.IsFizz() && p.IsBuzz():
        return "FizzBuzz"
    case p.IsFizz():
        return "Fizz"
    case p.IsBuzz():
        return "Buzz"
    default:
        return fmt.Sprint(p.Cur)
    }
}
```

▼ 最も低水準な言語

アセンブリ

容易度	★☆☆☆☆
将来性	★★★☆☆
普及度	★☆☆☆☆
保守性	★☆☆☆☆
中毒性	★☆☆☆☆

開発者	分類	影響を受けた言語	影響を与えた言語
Kathleen Booth （キャスリーン・ブース）	手続き型		C、C++、WebAssembly

Webサイト	http://www.gnu.org/software/binutils/ *1

言語の特徴 | 書くのは決して簡単ではないが高速化などに役立つ

　アセンブリ（または、アセンブリ言語）とは、コンピュータなどを動作させるための機械語を人間にわかりやすい形で記述したものです。コンピューターが直接実行できる言語は、機械語だけです。しかし、機械語は数字の羅列であり、人間が理解して書くのは至難の業です。そこで人間に読みやすい高水準言語と呼ばれるプログラミング言語が生まれます。アセンブリはその中間、原始的な言語といえます。機械語に近い低水準な言語で、機械語の各命令を人間に分かりやすくしました。そのため、機械語とアセンブリ言語は、ほぼ1対1の対応関係があります。

 ## 活躍するシーン

低水準 高速化

　かつて、プログラムを高速化するために、プログラムの一部をアセンブリ言語で記述することがありました。現在では、コンパイラが非常に賢く十分に高速な機械語を生成するために、アセンブリ言語を使う機会は、用途によりますが、ほとんどありません。活用の例としては低水準 *2 と呼ばれるハードウェアに近い領域で用いられることがあります。また、コンピューターのアーキテクチャーごとに命令が異なり、移植性が低いことも、アセンブリをなかなか書かない理由です。とは言え、Cなどの言語では、部分的にアセンブリ記述できるインラインアセンブラの機能を持つ処理系もあります。しかし、コンピューターの働きを学ぼうと思ったとき、機械語と1対1の関係にあるアセンブリは役立ちます。

*1 代表的なアセンブリ言語のGNU Assemblyへのリンク。
*2 低レベルとも。
*3 参照 https://asmtutor.com/#lesson18

コード | アセンブリでHello, World!

　アセンブリ言語（NASM/64bit Linux）で画面に「Hello, World!」と表示するプログラムです。画面に文字を表示するだけなのに、これだけの行数が必要となります。FizzBuzzともなると50行以上記述が必要になります *3。

```
bits 64 ; 64bitモードを明示
global _start

; メインプログラムを記述する .text セクション
section .text
_start:
    mov rax, 1      ; Linuxのsys_writeを指定
    mov rdi, 1      ; stdoutを指定
    mov rsi, str    ; strのアドレスを格納
    mov rdx, length ; lengthを格納
    syscall         ; システムコールを呼び出す

    mov rax, 60 ; Linuxのsys_exitを指定
    mov rdi, 0  ; 引数として0を指定
    syscall     ; システムコールを呼び出す

; プログラム中で利用するデータを保持する .data セクション
section .data
    str: db "Hello, World!",10 ; 文字列データのstrを定義
    length equ $ - str          ; 文字列の長さ
```

アセンブリ言語のNASMではプログラムとデータを異なるセクションで指定します。.textセクションには、プログラムを記述します。

この部分からsyscallまでの部分で、Linuxの持つシステムコール「sys_write」を呼び出します。これは画面に文字を出力する命令です。CPUの中に用意された変数のようなものをレジスタと呼びますが、rax,rdi,rsi,rdxの各レジスタに値を設定して、syscallを呼ぶと命令を呼び出すことができます。

同じくrax,rdiレジスタに値を設定してシステムコール「sys_exit」を呼び出します。これは、プログラムを終了する命令です。

この.dataセクションでは、プログラム内で利用する文字列データと文字列の長さを宣言します。

シープラスプラス

C++

容易度	★★⯪☆☆
将来性	★★★★☆
普及度	★★★★★
保守性	★★★☆☆
中毒性	★★★★★

開発者	分類	影響を受けた言語	影響を与えた言語
Bjarne Stroustrup（ビャーネ・ストロヴストルップ）	静的型付け、オブジェクト指向、メタプログラミング	C、Simula、BCPL、アセンブリ	Java、C#、D、PHP、Rust、Python、Perl

Webサイト	：	http://isocpp.org/

言語の特徴 Cの速度と機能の強力さを併せ持つ

　C++は、Cの拡張として開発されました。Cの良さをそのままに、オブジェクト指向など大規模開発で役立つ機能をふんだんに取り入れています。仮想関数、多重定義、多重継承など非常に多くの機能を備えています。Cに匹敵するスピードと、数々の強力な機能で長く人気を集めるプログラミング言語です。

　Windowsアプリの開発をはじめ、OSなど様々な基盤ソフトウェアの開発にも積極的に採用されています。ISO/IECによる標準化も行われています。

C++は機能豊富で高速

C++はCの良さをそのままに、大幅に表現力を向上させたものだ。使うには、Cに加えて、オブジェクト指向などの知識も必要になる。

C++は、Cの拡張として1983年にベル研究所の科学者Bjarne Stroustrupによって開発されました。Cにクラスなどのオブジェクト指向の機能を追加するところから開発が始まります。その後、仮想関数、テンプレート、例外処理とさまざまな機能が追加されて進化していきます。現在でも活発に開発され、機能は追加されています。

Cとの互換性

C++はCと同等の実行効率と移植性を持つ汎用言語として設計されています。そのため、Cとできる限りの互換性を持っています。CとC++を混ぜて使うことも可能になっています。

テンプレート

C++にはテンプレートという機能があります。これはプログラムのコードそのものをコードで操作できるもので、雛型となるコードに、任意の要素を加えられます。他言語のマクロに相当します。C++のテンプレートは、単なる置換ではなく、高度な制御ができます。テンプレートを使ったメタプログラミング[2]なども行われます。オブジェクト指向と並ぶ強力な特性となっています。

OS デスクトップアプリ ゲーム開発 実行速度重視

OS[1]やデータベース、ブラウザ（Google ChromeやMozilla Firefox）、ゲーム開発（Unreal Engineなど）といった実行速度が重視されるソフトウェアにC++は欠かせません。Pythonなどに比べるとやや地味ですが、機械学習の分野でも活躍します。C++はCに並ぶ実行速度を誇り、Cよりも強力な機能を持つため、実行速度重視の開発規模が大きめのソフトウェアでは人気があります。

オブジェクト指向

プログラムの中では、たくさんのデータを扱います。**オブジェクト指向**では、そうした『データそのもの』と、そのデータと関係する『振る舞い』を一つの『オブジェクト』という単位にまとめて扱います。C++はCにクラスベースのオブジェクト指向を取り込んだ言語です。

Column

C++は非常に難しい言語の1つと言われます。元のCに加えて、オブジェクト指向やテンプレートなど 非常に多くの機能が追加されているからです。C++は現在も精力的に開発が続けられているため、機能はさらに増えています。

しかし、これらはC++が進化を続け、自由度が高く強力であることの裏返しです。C++は非常に強力なので、速度や効率が求められるアプリケーションの開発では広く利用されています。メモリ管理などの低レベルな処理を記述することもできます。C++は何でもできる反面、使いこなすのが難しい言語になっているとも考えられます。C++が自由に使いこなせるようになれば、作ることのできるプログラムの幅は大きく広がるでしょう。

C++は進化を続ける

C++は登場自体はかなり古い言語ですが、現在も積極的に開発が続けられています。C++標準化委員会を中心に新仕様に関する活発な議論が行われ、現在に至っても機能が増えています。また、言語本体だけでなく、周辺のライブラリも活発に開発が続きます。Boost[3]という先進的なライブラリ群やQt[4]という現代的なツールキットが存在します。

C++はCを良くも悪くも受け継いでいる

C++は機能を増やし進化を続ける言語でありながら、シンプルなCの思想を受け継いでいるという二面性のある言語です。C++はCにオブジェクト指向を付け足したような部分以外は多くの点でCに倣ったつくりをしています。そのためC++はガベージコレクション[5]をデフォルトでは有しておらず、メモリの明示的な解放が必要となるなど、Cに由来するプログラミング言語としての難しさの一部がそのまま引き

＊1　WindowsやFreeBSDの一部はC++で記述されています。
＊2　プログラムでプログラムそのものに変更を加える手法。例えばコンパイル時に一部のソースコードをコンパイル時の実行をもとに差し替えることなど。
＊3　https://www.boost.org/
＊4　https://www.qt.io/
＊5　Garbage Collection、GC。プログラムが使っているいらないメモリを自動的に開放する仕組み。

継がれています。もちろん、こういったCの特徴をそのままに残しているために高い性能も維持できるのですが、C同様やや難しいプログラミング言語と見なされています。また、パッケージマネージャなど開発環境が未整備で、そもそもの用途は違うものの、現在のPythonやRubyなどの言語に比べるととっつきづらいと見なされることもあります。

C++のコンパイラ

C++はCと同じように仕様に対して複数の実装（コンパイラ）が存在します。主要なものはCと共通しており、GCC[6]、Clang、MSVC[7]の3つです。Cの開発環境を整えると、C++の開発環境もある程度整えられるでしょう。

コード C++のFizzBuzz

C++のFizzBuzzです。C++は、Cを拡張したものです。Cと見比べてみると面白いでしょう。

```cpp
#include <iostream>
class FizzBuzz { // ← C++の特徴であるオブジェクト指向を利用して、クラスを定義します。
  private:
    int max;
  public:
    FizzBuzz(int num) { // コンストラクタを定義 ← クラスを生成した時に実行されるコンストラクタを定義します。
      this->max = num;
    }
    void run () { // 処理を実行するメソッドを定義 ← クラス内では、任意のメソッド（関数）を定義できます。
      for (int i = 1; i <= max; i++) {
        this->check(i);
      }
    }
    void check(int i) { // 各数を確認するメソッドを定義
      if (i % 3 == 0 && i % 5 == 0) std::cout << "FizzBuzz";
      else if (i % 3 == 0) std::cout << "Fizz";
      else if (i % 5 == 0) std::cout << "Buzz";
      else std::cout << i;
      std::cout << "\n";
    }
};

int main() {
  // クラスからインスタンスを生成して実行 ← クラスを使うには、newでインスタンス（オブジェクト）を作成してから利用します。
  FizzBuzz *obj = new FizzBuzz(100);
  obj->run();
  return 0;
}
```

▶ fizzbuzz.cpp

＊6 コンパイラ名は正確にはg++。
＊7 Microsoft Visual C++

▼ 科学技術計算に特化した最初期の高水準言語

フォートラン

FORTRAN

容易度	★★☆☆☆	
将来性	★☆☆☆☆	
普及度	★★★☆☆	
保守性	★★★☆☆	
中毒性	★★☆☆☆	

開発者	分類	影響を受けた言語	影響を与えた言語
IBM、John Warner Backus（ジョン・ワーナー・バッカス）	静的型付け、手続き型	アセンブリ	BASIC、PL/I、C

Webサイト	:	https://www.gnu.org/software/gcc/fortran/ ＊1

言語の特徴 科学技術計算の定番言語の1つ

　FORTRANは、機械語やアセンブラと比較して人間の可読性が高い高水準プログラミング言語としては最初期に登場しました。科学技術計算、数値計算を行うプログラム作成に特化しています。1957年、メインフレームコンピューターのIBM 704用に最初のコンパイラが開発されました。その後、人気を博し、さまざまなFORTRANの派生言語や処理系が作成されました。多くの数学関数やサブルーチン、数値解析の機能を持っており、ほぼ数学の数式に近いかたちで記述できるのが特徴です。現在も現役で、スーパーコンピューター用の言語として使われているなど科学分野に強いです。

FORTRANは科学技術計算で利用される歴史ある言語

スーパーコンピューターで実行される言語の1つで、かつてはロケットの軌道計算や地球シミュレータなどでも利用されてきた。

＊1　Fortranの主要な処理系の1つ、GNU Fortranのサイト。

言語の歴史

FORTRAN登場の少し前、メインフレームコンピューターのプログラムに主にアセンブリが使われていました。John Warner Backusは、IBM 704のプログラムを開発するにあたり、開発効率などからFORTRANを提案します。1954年、ドラフト仕様が作成され、1957年4月にコンパイラが完成しました。アセンブリに匹敵する性能がなければ実用されないため、初期から高速化にこだわっていました。現在でもスーパーコンピューターなどで使われています。

FORTRANと宇宙開発

IBMのメインフレームとその上で動くFORTRANは、初期のアメリカにおける宇宙開発で活躍しました。NASAの無人／有人宇宙飛行計画であるマーキュリー計画でも活躍しました。この計画を描いた映画「ドリーム（原題Hidden Figures）」にも登場しています。

FORTRANの標準規格

1963年までには、FORTRANのユーザーが急増し、40を超える様々なFORTRANが開発されました。そのため、1966年には、American Standards Association（現ANSI）により、FORTRAN 66の規格が制定されます。その後、1977年には構造化プログラミングをサポートしたFORTRAN 77、1991年にモジュール機能やselect文などを取り入れたFortran 90が制定されます。その後も、定期的に最新規格が制定されています。

 ## 活躍するシーン

科学技術計算 スーパーコンピューター

FORTRANは、物理学などの研究者の間で、数学を応用したプログラムを記述するために用いられてきました。用途が限られる言語ですが、ロケットの軌道計算や地球シミュレータなど高度な計算で活躍します。近年は減りつつありますが、教育機関（大学）で教材に用いられることもあります。

Column

FORTRANは世界最初の高水準言語と言われています[2]。科学技術計算ライブラリの充実、並列を扱いやすいこと、言語そのものの実行速度の速さから、構造力学や流体力学など、大規模な計算を行う分野で積極的に利用されています。登場から半世紀経った今でも現役で使われているというのは偉大です。ただ、近年はC++やPythonなどで一部の用途が置き換え可能なため、人気が衰えています。

コード FORTRANのFizzBuzz

FORTRANでFizzBuzz問題を解くプログラムです。現在主流のC系統のプログラミング言語とはだいぶ見た目が違います。DOなどのキーワード選定も見てみると面白いです。

▶ fizzbuzz.f90

```
PROGRAM fizzbuzz
        IMPLICIT NONE ! 暗黙の型宣言を禁止
        INTEGER :: i  ! 変数iの宣言
        ! 1から100まで繰り返す
        DO i = 1, 100
                ! 順次判定していく
                IF (MOD(i, 3) == 0 .AND. MOD(i, 5) == 0) THEN
                        PRINT *, "FizzBuzz"
                ELSE IF (MOD(i, 3) == 0) THEN
                        PRINT *, "Fizz"
                ELSE IF (MOD(i, 5) == 0) THEN
                        PRINT *, "Buzz"
                ELSE
                        PRINT *, i
                END IF
        END DO
END PROGRAM fizzbuzz
```

暗黙の型宣言を禁止します。これによって変数名のミスを防ぐことができます。

変数iを宣言します。

DO文で1から100まで繰り返し(*4)以下を実行します。

IF文でFizzBuzzの条件を順次判定していきます。

*2　実際にはこれ以前にも試みはありますが多くのユーザーを獲得したという点で世界最初と呼ばれます。

▼ C/C++ の影響を受けて書きやすくした言語

ディー

D

容易度	★★☆☆☆
将来性	★★☆☆☆
普及度	★☆☆☆☆
保守性	★★★☆☆
中毒性	★★☆☆☆

開発者	分類	影響を受けた言語	影響を与えた言語
Walter Bright（ウォルター・ブライト）	静的型付け、オブジェクト指向、メタプログラミング	C++、C#、Ruby、Python、Java	

Webサイト	https://dlang.org/

言語の特徴 | CやC++の後継を目指す言語

　DはC/C++に強い影響を受けた言語です。名前もCの次のDから来ています。C/C++のような高いパフォーマンスを目指した、一部のシステムプログラミングもこなせる言語です。C/C++と比べて、書きやすさと保守性、またコンパイル時間の短さを重視しており、ガベージコレクションを備えるなど使いやすい言語になっています。CやC++を引き継ぐかのような名前ですが、今のところそこまでは普及していません。DもCやGoと同じく、Dだけだと判別がつかないのでD言語やdlangと呼称されることが多いです。パッケージマネジメントのDUBなど周辺ツール拡充にも努めています。

ここではD言語くんの公式画像をD言語の紹介のために利用しています。
© 1999-2020 by the D Language Foundation

DはC/C++を意識して書きやすくした言語

DはC/C++からの影響が強い。ユニークなキャラクター、D-man（D言語くん）でも有名。

言語の歴史

 活躍するシーン

Dは1999年にWalter Brightによって開発が開始され、2001年に公開されました。その後着々と開発が進み、2007年に安定版の1.0と、一部非互換の先進的な開発を志した2.0が相次いでリリースされ、しばらく並行してメンテナンスされていました。現在は2.0が安定版です。2013年に国際カンファレンスが開催されるなど人気は着実に広まってきました。

コマンドラインツール **システムプログラミング**

CやC++と似たような分野で用いられます。FacebookやNetflix、ebayなどで採用実績があります。独自コンパイラDMDを積極的に開発しつつ、GCC/LLVM向け対応もしており、複数プラットフォームを見据えています。Cと違い組み込みではあまり使われませんが、Webフレームワークなどが開発されています。

Dの設計思想

C/C++の言語としての難しさやそこから生じる開発サイクルの遅さを解消しつつ、高いパフォーマンスを出すことがDの1つの目標でした。これらの目標は部分的に達成されましたが、ライバル[1]と呼ぶべき言語の躍進で、Dの存在感は薄くなってきています。C++は成長を続け機能拡充し、GoやRustなどの似たような課題意識の言語が登場して人気を集めています。

D言語くん

Dは日本国内ではユニークなマスコットキャラクター『D言語くん』ことD-manの存在で知られています。プログラミング言語のマスコットとしてはJavaのDuke、GoのGopher、LispのLispエイリアン[2]などが知られていますが、D言語くんは特に有名です。Dユーザー以外にもなぜか知られています。

Column

DはC++の強い影響下にある言語です。Bright氏自身がC++コンパイラの開発経験を持っています。そのため文法もC++からの影響が多いです。また、テンプレートを用いたメタプログラミングなど、C++の強力な機能を独自に改善して部分的に採用しています。DはGCの強化を続け、Rustのメモリ管理の影響を取り込むなど独自の進化も続けています。

コード DのFizzBuzz

DのFizzBuzzです。DではC++のようにクラスも使えますが、今回はかなりシンプルに関数中心に書きました。ここでは使っていませんが、mapなどの関数も使えて関数型言語の影響もほどよく取り込んでいます。

```d
import std.stdio;                                            ▶ fizzbuzz.d

void fizzbuzz(int num)
{
    foreach(e; 1 .. num + 1)    ← foreachで配列や数値の繰り返しを直感的に書ける
    {
        if (e % 15 == 0)
        {
            writeln("FizzBuzz");
        }else if (e % 3 == 0)
        {
            writeln("Fizz");
        }else if (e % 5 == 0)
        {
            writeln("Buzz");
        }else{
            writeln(e);
        }
    }
}

void main()    ← mainがプログラムの開始地点になっているのはC++やJavaと同じ
{
    fizzbuzz(100);
}
```

*1 必ずしも用途が一致するわけではないものの、設計思想や用途が似た言語をここではライバルとしています。
*2 Lispエイリアンは正確にはマスコットキャラクターではありません。

▼ 高速・安全・並行　新世代の言語

ラスト

Rust

容易度	★★☆☆☆
将来性	★★★★★
普及度	★★☆☆☆
保守性	★★★☆☆
中毒性	★★★★☆

開発者	分類	影響を受けた言語	影響を与えた言語
Mozilla、Graydon Hoare（グレイドン・ホアレ）	静的型付け、手続き型、並行	C、C++、OCaml、Scheme、Haskell、Erlang	Swift

Webサイト	https://www.rust-lang.org/

言語の特徴 C/C++に次ぐ新しいシステムプログラミング言語

　Rustは速度、並行性、安全性に優れたプログラミング言語です。C/C++のより安全な置き換えを狙って開発されました。WebブラウザのFirefoxで使われるなど、高速さを求められるプログラミングで威力を発揮します。2016年にはStack Overflow[1]で「最も愛されているプログラミング言語」で一位を獲得するなど、開発者から厚い支持を受けています。強い静的型付けで型の機能がCやC++より強力なのも特徴です。型推論やジェネリック型、高度な並行などの機能を持ち、モダンなプログラミング言語として注目を集めます。

Rustは速くて、安全な新しい言語

Rustはシステムプログラミングに使われる。高速、安全、高い並列処理能力を誇る。

＊1　プログラミング関係の人気Q&Aサイト。

言語の歴史

Rustは2006年に、当時Firefoxの開発元のMozillaで働いていたGraydon Hoare[2]によって個人的（サイドプロジェクト的）に開発が始められました。その後、2009年からMozillaが公式に開発に参加し、2010年のMozillaサミットにて公表されました。2015年には1.0がリリース[3]され、以後Mozillaの支援のもと継続的に開発が続いています。

◎ 高速で省リソース

Rustは C/C++ の置き換えを狙っているだけあって、非常に高速、かつ少ないリソースで動作します。最適化がしやすい静的型付け言語、ガベージコレクションがない[4]、LLVM採用[5]、ゼロコスト抽象化採用[6]など高速化に有効な設計をしています。並行実行性能にも優れるため、マルチコアCPUで高い性能を期待できます。

◎ 安全性

CやC++は高速ですが、メモリ管理の仕組みがかなり素朴なものでメモリリークやメモリ破壊などの危険性のある言語です。Rustはこれらの課題を克服し、高いメモリ安全性を達成しています。並列並行処理のデータ競合が避けられるなど、他にも種々の安全性のための工夫があります。

◎ ツールの充実

Rustは環境構築ツールのrustup、パッケージ管理ツールのCargo、フォーマット統一のためのrustfmt、リントツールのclippyなど数多くの便利なツールを公式に提供しています。このため、快適に開発できます。言語の提供元が開発者ツールも提供するという方針は先行するGoにも通じます。

 ## 活躍するシーン

システムプログラミング ブラウザ Webアプリケーション（APIサーバー） コマンドライン

Rustはシステムプログラミングなど速度が重要な領域に用いられます。これまで、C/C++ が活躍していたOSやWebブラウザなどの開発を一部置き換え足り得ます。最も有名なのは、WebブラウザのFirefox（の一部）です。テキストエディタなども利用されています。RustはCやC++と異なり、APIサーバーなどのプログラムも得意でC/C++より適用範囲が広い言語になるかもしれません。

Column

前述の通りRustで作られたアプリの代表作がFirefoxです。全面的にRustで書かれているわけではなくC++とRustが組み合わされています。Webブラウザのような高度かつ速度が求められるシステムで実際に採用されていることは、Rustの知名度や信頼感だけでなく、性能や安全性を高める要因となっています。これまでシステムソフトウェアの開発はC/C++が主流でしたが、Rustは徐々にですがより確実にその領域に広がりつつあります。Rustは近年プログラミング言語の人気ランキングでも上位に入っており、将来性を感じさせます。

なぜRustなのか？

Rustは Firefoxを提供する Mozilla が支援の中心となって、オープンに開発される言語です。当然Mozillaのニーズにかなったために支援されています。そこで重要になってくるキーワードが安全性です。

Firefoxは大規模なC++アプリケーションの代表例です。C++で大規模なアプリケーションを書いた時に顕在化する問題の一つが安全性です。安全性は、特にWebブラウザを実装する上で重要な要素です。C++はメモリ管理が複雑なため、安全性の達成が難しい点がありました。

そこで最初から安全性を考慮して設計された Rust が威力を発揮します。Rust ならより安全にソフトウェアを開発できます。しかも実行速度も速いので、パフォーマンスを犠牲にすることがありません。Rust が Webブラウザの開発に大いに貢献できたのにはこのような理由があったのです。

---

* 2　Hoare氏は後にMozillaを離れ、AppleでSwiftの開発にも携わりました。
* 3　本書で紹介するなかでも最も若い言語といってしまっていいかもしれません。
* 4　CやC++と似ていますがこちらは別方法でメモリを管理します。後述します。
* 5　コードを最適化する機能に優れており、高速な実行ファイルを生成できます。SwiftなどでもLLVMが使われています。
* 6　プログラム内でいくつかの高度な機能、型の表現などを駆使してもコンパイル時などに適切に解釈し実行時にオーバーヘッドがないこと。

Rust と Go はライバル？

Rust は Go と比較されることがよくあります。登場時期が比較的近く、優れた並行処理を可能とし、ともに C や C++ からの影響を受けたという共通点があります。

一見するとライバルのようにも感じられますが、実はこれらの言語は性格が異なる点も多く、必ずしも純粋な競合関係[*7]にあるわけではありません。

ガベージコレクションを採用して比較的シンプルな言語機能中心の Go、ガベージコレクションを採用せず型などの機能が強力な Rust、それぞれ設計思想が違います。書き比べてみると面白いでしょう。

用途として、Rust は、Go では性能・性質的に難しいブラウザ開発や高速コマンドラインツール、OS のドライバなどの分野で注目を集めています。対して、Go は AWS SDK[*8] や、Google API Client Libraries [*9] が公式に提供されており、クラウドで人気です。Rust は現時点ではこれらのクラウド向けの公式な SDK やライブラリはありません。

安全な Rust のメモリ管理

Rust はガベージコレクションを採用していないにもかかわらず、C/C++ と異なり、言語としてメモリを適切に利用できるよう設計されています。安全なプログラムを開発するために、Rust ではメモリやリソース管理に『RAII』と呼ばれる手法を採用して管理しています。現在の主要な言語[*10] ではメモリ管理にガベージコレクション[*11] を利用します。これに対して、Rust では主に「所有権」と呼ぶ変数のスコープを確認して、そこからメモリ管理を行います。所有権によってガベージコレクションなしでも安全にメモリを管理できます。

例えば、以下の Rust プログラムでは、変数 a を定義しています。この関数が呼ばれた時、変数 a に vec オブジェクトのためにメモリが割り当てられ、関数を抜けた時に破棄されます。

```
fn test_func() {
    let a = vec![10, 20, 30];
    println!("{}", a[0]);
}
```

変数 a にメモリが割り当てられた時点で、変数 a が所有権を持ちます。そして、スコープを抜けた時（関数を抜けた時）にメモリは破棄されます。これは一般的な言語の挙動です。しかし、以下の例を見ると分かりますが、別の変数 b に a を代入した場合には、所有権が b に移るため、変数 a は利用できなくなります。

---

*7　もちろん、一部の領域では比較対象として適当なこともあるでしょう。
*8　ソフトウェア開発キット。効率的な開発を可能とするライブラリ。
*9　Google サービス向けの API ライブラリ。
*10　C や C++、Objective-C などは除く。
*11　あるオブジェクト（メモリ上のデータ）が利用されているかどうかを追跡して破棄の可否を判断するマーク＆スイープなど、ガベージコレクションには複数の手法が存在します。ガベージコレクションを行う仕組みをガベージコレクタと呼ぶことがあります。

```
let a = vec![10, 20, 30];
println!("{}", a[0]);
let b = a; // ◂─────────────── 所有権が変数bに移る
println!("{}", a[0]); // ◂───── ここでエラーになる
```

　つまり所有権を持った変数が利用可能であり、所有権の有無に応じて必ずリソースを破棄することで
メモリを管理するということです。このような所有権の仕組みにより、コンパイル時に変数の利用範囲
を明確にできるので、ガベージコレクションを利用することなくリソース管理が可能なのです。

　所有権に関連して、借用、ライフタイム、ムーブ／コピーセマンティクスなど他のプログラミング言
語ではあまり一般的ではない用語がRustプログラミングでは出てきます。これらを理解するまではコン
パイル時に警告が多く、なかなかプログラミングがうまくいかないかもしれません。

コード ▏ Rust の FizzBuzz

　RustでFizzBuzz問題を解くプログラムです。Rustは、C/C++の置き換えを狙っているので、それらの言語と比べてみる
と良いでしょう。型推論が働くので、部分的には型を書いているもののそこまで多くない点も注目してください。

▶ fizzbuzz.rs

```
// プログラムはmain関数から始まる ◂──────  メイン関数を定義して、その中でfizzbuzz関数を
fn main() {                              100回呼び出します。
    for i in 1 .. 100+1 {
        let result = fizzbuzz(i);
        println!("{0}", result)
    }
}
// FizzBuzzを返す関数を定義 ◂──────  FizzBuzzを返す関数を定義します。関数定義で引数型や戻り値の型をしっ
fn fizzbuzz(i:i32) -> String {        かり指定しています。なお（＊1）のfor構文の内側では型推論により明示
    // 無名関数を定義 ◂──────       的な型指定を省略できています。
    let is_fizz = |i| { i % 3 == 0 };  クロージャ（無名関数）を利用して、FizzかBuzzを判定する関数を定義します。
    let is_buzz = |i| { i % 5 == 0 };
    // 順次判定していく ◂──────      if文を使って順次FizzBuzzの値を判定しています。
    if is_fizz(i) && is_buzz(i) {
        return "FizzBuzz".to_string();
    } else if is_fizz(i) {
        return "Fizz".to_string();
    } else if is_buzz(i) {
        return "Buzz".to_string();
    } else {
        return i.to_string();
    }
}
```

▼ 入門から機械学習まで大人気のプログラミング言語

パイソン

Python

容易度	★★★★★
将来性	★★★★★
普及度	★★★★☆
保守性	★★★★☆
中毒性	★★★☆☆

開発者	分類	影響を受けた言語	影響を与えた言語
Guido van Rossum（グイド・ヴァン・ロッサム）、Python Software Foundation	動的型付け、オブジェクト指向	C、C++、Perl、Haskell、ABC（教育用言語）、Java、Scheme	D、F#、Go、Groovy、Swift、Nim、JavaScript、CoffeeScript、Julia

Webサイト	https://www.python.org

言語の特徴 機械学習など幅広い分野で活躍する書きやすい言語

　Pythonはオープンソースで、世界中で愛されるオブジェクト指向のスクリプト言語です。文法を単純化して誰が書いてもだいたい同じように読みやすいプログラムになるように設計されています。空白による字下げ、インデントにより構文ブロックを表現する特徴は広く知られます。多くの充実したライブラリが用意されており、Webアプリ、デスクトップアプリ、機械学習など、幅広い分野の開発で使われています。教育用言語としても人気です。特に機械学習・深層学習の分野でデファクトともいえる言語で、機械学習ジャンルの発展に伴い、更に人気を集めるプログラミング言語になっています。

Pythonは様々な分野で活用されている

書きやすさ、読みやすさから人気を集めてきた言語。ユーザー数が多く、用途も幅広い。近年、機械学習（AI）開発の中心的な言語としてさらに支持を集める。

言語の歴史

Guido van Rossumによって Pythonのバージョン0.9が公開されたのは、1991年のことです。この時点で既にオブジェクト指向の機能は備わっていました。正式バージョン1.0が公開されたのは1994年です。関数型言語に影響されたラムダ式やmapなどの関数が組み込まれていました。2000年に公開された2.0では、ガベージコレクションやUnicode、リストの機能が追加され言語として強力になります。2.x系の頃からメジャーな言語となりました。2008年には3.0が公開されます。Python 3は既にかなり普及した Python 2と一部互換性がなかったため、移行が難航してしまいます。公開後もしばらく2.xが使われていました。現在は3系が広く使われます。2019年はオリジナル開発者の van Rossum 氏が開発の中心から退くことが話題となりました[1]。開発は活発に続いています。

活躍するシーン

データサイエンス　機械学習／ディープラーニング
Webアプリケーション　スクリプト

Pythonは手軽に始められる上に、多くのライブラリを備えています。そのため機械学習（AI）、スクリプト[2]、Webアプリの作成、教育分野、データサイエンス、スクレイピング、バッチ処理[3]、デスクトップアプリの開発、システム管理など広く使われています。Google、Dropboxなど大企業でもよく利用されています[4]。広い適用範囲を持ったプログラミング言語です。

AIで火が付いた

世界中で愛されている Python ですが、日本では2010年代中頃まで、アメリカなど諸外国ほどには活用されていませんでした。ライバルの Ruby の勢力が日本では特に大きかったこともその理由かもしれません。しかし、第三次AIブームが到来し、機械学習、特に深層学習（ディープラーニング）が盛り上がると日本でも人気に火が付きます。TensorFlow や PyTorch などの有名機械学習フレームワークがこぞって Python 向けに作成されたのです。

すっきりした言語仕様

Pythonの言語仕様の大きな特徴が、インデント（字下げ）によるブロック表現です。C言語などの多くの言語は、ブロックを『{ … }』のように波括弧で表現しますが、Pythonではインデントを用います。他にも、言語仕様であることを達成したいときに方法を可能な限り1つに限定することで可読性を高めるといった Python をすっきりした言語にするための哲学があります[5]。

Anaconda と Python

Anaconda とは Python および有名な Python ライブラリをまとめた、Python のディストリビューション（配布・実行環境）です。Anaconda は機械学習を含む有名な Python ライブラリを最初から同梱しており人気です。

Column

Pythonは世界中で利用されている人気言語です。しかし、Pythonも万能ではありません。Pythonは動的型付け言語であり、基本的にインタプリタ上で実行されるため、動作速度ではC/C++などの静的型付けのコンパイル言語には負けてしまいます[6]。また、型をエラーチェックにしたいケースでは動的型付け言語で困ることもあるでしょう。近年は Type Hints（型ヒント）という、Pythonに型注釈をあとづけできるような機能が追加されて、この弱点は緩和されつつあります。

コード　Python の FizzBuzz

Python で FizzBuzz 問題を解くプログラムです。インデントに注目しましょう。

▶ fizzbuzz.py

```python
# FizzBuzz 関数を宣言
def fizzbuzz(i):
    # 一つずつ条件を確認
    if i % 3 == 0 and i % 5 == 0:
        return "FizzBuzz"
    if i % 3 == 0:
        return "Fizz"
    if i % 5 == 0:
        return "Buzz"
    # その他
    return str(i)

# 100回 fizzbuzz 関数を呼ぶ
for i in range(1, 101):
    print(fizzbuzz(i))
```

引数iの値に応じてFizzBuzzの結果を返す関数を定義します。Pythonでは関数は呼び出しより先に宣言しておく必要があります。

if構文で次々と条件を確認していきます。Pythonではインデント（字下げ）がブロックを表します。

for構文で fizzbuzz 関数を100回呼び出します。関数range(1, 101)のように記述すると、1以上から101未満（つまり、100まで）の範囲の値を返します。

＊1　優しい終身の独裁者（Benevolent Dictator For Life、BFDL）と呼ばれる主導的なポジションからの退任。Python は van Rossum 氏以外にも数多くの開発者がいるため開発継続に支障はありませんが、話題となりました。

＊2　ちょっとしたプログラム。Perl や Python、Ruby が得意な領域。

＊3　日次データなどをまとめて処理すること。スクリプトと比べるとやや大規模になりやすいです。

＊4　van Rossum 氏自身、Google、Dropbox に一時期勤務していました。

＊5　これらは The Zen of Python として知られます。https://www.python.org/dev/peps/pep-0020/

＊6　後述しますが、C で拡張するという回避策があり、実用上これが問題にならない事も多いです。

機械学習

機械学習とはAIの一分野の技術です。Pythonには様々な機械学習のライブラリが備わっています。例えば、手軽に機械学習が実践できるライブラリ『Scikit-learn』では、分類、回帰、クラスタリング、次元削減など様々な手法をサポートしています。そのうち分類だけでも、SVM、ナイーブベイズ、ランダムフォレストなど多種多様なアルゴリズムを有しています。Pythonは数あるプログラミング言語の中でも最も機械学習ライブラリが充実しています。

Pythonは機械学習で重要となる行列計算ライブラリのNumPy、科学技術計算のSciPyを持っています。これらは機械学習以外の数学や物理学などの分野でも活躍します。理系大学を中心にPythonを教育に組み込む教育機関が増えています。

機械学習の実行や可視化ができるノートツール『Jupyter Notebook（JupyterLab）[7]』も有名です。

深層学習（ディープラーニング）

機械学習の中でも熱い注目を集めているのが**深層学習**の分野です。深層学習とは、多層のニューラルネットワークを用いた機械学習の手法で、一部の領域で既存の機械学習手法を圧倒したため広まりました。本書執筆時点で、深層学習を実践するライブラリで最も人気があるのがGoogleの**TensorFlow**です。このTensorFlowはPython向けライブラリとして実装[8]されており、Pythonを用いてプログラムを作成します。

TensorFlowに限らず、人気のある深層学習フレームワークのほぼ全てがPythonを主な対象としています。

最先端の機械学習プログラムを実践しようとしたとき、Pythonがその候補に挙がるのはこのためです。

Webアプリケーション開発

PythonはWebアプリケーションの開発にも利用されています。PythonでWebアプリケーションを作るのに便利なフレームワークもあります。代表的なフレームワークには、Django、Flaskなどがあります。Djangoはフルスタックと呼ばれる機能が充実したもので、大規模なWeb開発に向いています。Flaskは機能をしぼった軽量フレームワークで、大規模なWebアプリケーションは必ずしも得意ではありません。

有名なWebサービスの「YouTube」や「Instagram」はPythonを一部用いて開発されています。

Python 2 と Python 3

Pythonのメジャーバージョン2と3は長らく共存していました。2から3への変更が大きく、既に大量のコードが2で書かれていたため移行が難航したからです。ライブラリやフレームワークも3にすぐには移行できないものが少なくなく、そのためユーザーもなかなか3に移行しないという悪循環がありました。Python 3のリリースが2008年だったにも関わらず、2010年代前半頃まではmacOSや一部のLinuxディストリビューションではデフォルトではPython 2しか使えないということもありました。

＊7　https://jupyter.org/
＊8　Pythonが一番人気ですが、他の言語向けの実装もあります。またライブラリの裏側はC++も使われています。

しかし、近年ではこれらの課題はほとんど解決されました。多くのライブラリやフレームワークは Python 3 を採用し、ユーザーの移行もかなり進んでいます。Ubuntu などの Linux ディストリビューションもデフォルトで Python 3 を採用するようになりました[*9]。Python 2 系最後の 2.7 のサポートは 2020 年までです。これからさらに Python 2 は姿を消していくことでしょう。これから Python を始める人は Python 3 以降のものだけを使っていれば問題ありません。

Python の実行速度と C 拡張

Python の弱点として column で『実行速度』を上げました。実際のところちょっとしたスクリプト用途など日々の利用では Python は十分に高速なため、実行速度に不満が出ることはあまりないでしょう。

ただ、一部の処理については Python より速い言語があるのは事実です。実はこの実効速度の問題を回避する方法が Python にはあります。それは、実行に際して時間がかかりそうな処理は Python ではなく C にまかせてしまうという方法です。実は Python は処理の一部を C などで置き換えられます。これは C 拡張と呼ばれるものです。

数値計算の NumPy などは C 拡張ライブラリを採用しており、Python の実行速度では物足りないところをユーザー（プログラムを書く側）に意識させることなく C で実行できます。Python はその使いやすさをたもったまま、必要なところだけ C で高速に実行できます。多くの場合、この C 部分はライブラリ作者が書いていてくれるので、C のことを全然知らなくても利益を享受できます。

C 拡張は Ruby などいくつかの動的型付け言語も採用しています。

PyPI と pip

Python のライブラリは『PyPI (Python Package Index)[*10]』に登録されています。PyPI は、Python ライブラリのカタログとも言える存在です。Python の高い人気から、数多くのライブラリが存在しています。Python に同梱されているパッケージマネージャー、pip を使うことで、ライブラリを簡単にインストールできます。Anaconda も Python パッケージを PyPI と別に配布しておりユーザーが少なくありません。

日本と Python

AI ブーム前から、日本には熱心なユーザーによるドキュメントの日本語訳や Python の紹介などが行われてきました。現在も python.org でドキュメントの大部分が日本語で読めるなど多大な貢献があります。ただ、2010 年代に入るまではユーザー数は日本国内ではそこまで得られませんでした。

近年は機械学習人気の後押しもあってだいぶ事情が異なり、Python ユーザーは日々増えています。現在は日本で最も使われる言語の 1 つといってしまってもいいでしょう。2020 年度からは、情報処理推進機構の基本情報技術者試験で Python が問題に利用されるなど公的な機関でも Python が定番言語として認識されています。

[*9] macOS Catalina（2019 年 10 月リリース）では互換性維持のために、まだ 2 系が使われています。今後は 3 系に移行予定です。
[*10] https://pypi.org/

数値計算ライブラリNumPyを使ってFizzBuzz問題を解く

数値計算ライブラリのNumPyは、Pythonで機械学習ライブラリを使うのに欠かせないものです。そこで、NumPyを利用してFizzBuzz問題を解いてみましょう。このプログラムを実行するにはpipでNumPyを導入しておく必要があります。コマンドプロンプトやターミナルで「pip install numpy」を実行しましょう。

▶ fizzbuzz2.py

```python
import numpy as np # NumPyを使う
# 1から100までの連続する配列を生成    np.arange関数を使うと連続する値を持つ配列を生成できます。
nums = np.arange(1, 101)
# FizzBuzzの条件リストを指定    ここでは、FizzBuzzの各条件を持つリストを定義します。
cond_list = [nums % 15 == 0, nums % 3 == 0, nums % 5 == 0, True]
# 条件に合致した時の値を指定    FizzBuzzの条件ごとの値を定義します。
value_list = ["FizzBuzz", "Fizz", "Buzz", nums]
# 条件ごとに値を設定する    np.select関数を利用して、条件に合った値を取り出します。
result = np.select(cond_list, value_list)
# 結果を出力
print("\n".join(result))
```

+1 PyPy—Pythonの処理系の1つ

PyPy[11]はPythonの処理系の1つです。正確には独自の言語ではありません。PyPyは標準のPython（CPython）より、一部のケースで高速に実行できる処理系をうたっています。ただ、CPythonと一部互換性がなく、CPythonのバージョンアップにもやや遅れて追従することになってしまうなど課題がいくつかあるため、CPythonに比べると広くは使われていません。読者が一般に利用する範囲ではCPythonをおすすめします。

Pythonの処理系としてはJVMで動作するJythonの名前が有名でしたが、開発が停滞しており、現在は使われていません。JythonはPython3にも非対応です。Pythonは人気の言語なので、有志が実装したいくつかの処理系がありますが、CPythonに並ぶような動作実績、人気を持つものはありません。

+1 Cython—Python高速化のための言語

Cython[12]はPythonのC拡張を作成し、高速化するためのプログラミング言語、およびそのコンパイラの名前です。CythonはPythonとかなり近い文法を持っており、C言語でPythonのC拡張を書くよりは使いやすいとされています。あまり日常的に使うような言語ではなく、機械学習や大規模なデータ分析をPythonで行っていてどうしても実行速度の向上が必要なときなどに、採用を検討します。

+1 MicroPython—組み込み向けのPython

MicroPython[13]は組み込み向けのPython互換のプログラミング言語です。Python 3と多くの互換性を持っており、マイクロコントローラー[14]向けです。IoTなどで活躍します。Python本体は主な動作対象として組み込みをそこまで想定していないため、そこを補完するMicroPythonが人気を集めました。

---

*11 https://pypy.org/
*12 https://cython.org/。CPythonではありません。
*13 http://micropython.org/
*14 ARM Cortex-MやEPS32などのプロセッサ。

▼ 日本が世界に誇るスクリプト言語

ルビー
Ruby

容易度	★★★★★
将来性	★★★☆☆
普及度	★★★☆☆
保守性	★★★★☆
中毒性	★★★★★

開発者	分類	影響を受けた言語	影響を与えた言語
まつもとゆきひろ （Matz）	動的型付け、オブジェクト 指向、メタプログラミング	LISP、Perl、C、 Smalltalk、CLU、Eiffel	D、Groovy、 Swift、Crystal

Webサイト	:	https://www.ruby-lang.org/

言語の特徴 | Ruby on Railsで注目された「楽しい」言語

　Rubyはオブジェクト指向、記述の柔軟性などが特徴の言語です。「書いていて楽しい」ような記述の簡潔さで知られます。その簡潔さから熱心なファンが数多くいます。日本で登場して世界中で使われている、ユニークなプログラミング言語です。数多くのライブラリ・フレームワークが存在しますが、Webアプリのフレームワークである Ruby on Rails が特に有名です。

　日本発だけあり、日本語でも多くの資料が提供されています。近年は比較対象の Python に人気で押され気味ですが、言語自体の良さから今後も使われていくでしょう。

**世界中で使われている
日本発スクリプト言語**

書き心地がよく、『楽しく』プ
ログラミングできることを念
頭に開発されている。

言語の歴史

Rubyは1993年に日本人のまつもとゆきひろ（愛称Matz）によって開発され、1995年に公表されました。RubyはPerlの影響を強く受けており、Perlの命名の由来であるパール（Pearl、真珠）にかけて、その翌月の誕生石であるルビー（Ruby）と名付けられました[*1]。1997年には、インターネットのメディアや雑誌でRubyが紹介されはじめ、オンラインソフト大賞を受賞します。1999年には公式解説本[*2]が出版されるなど国内を中心に人気を広げました。2004年には、WebアプリのフレームワークRuby on Railsが公開され、これを契機にRubyが世界中で広く使われるようになりました。

オブジェクト指向

Rubyはオブジェクト指向プログラミング言語です。数値から文字列まであらゆるデータ型がオブジェクトです。クラスを定義することで独自のオブジェクトを定義できます。

RubyGems/Bundler

RubyGemsはRuby専用のパッケージ管理システムです。Rubyで作ったライブラリが多数、gemsという形式で公開されています。Bundlerというコマンドラインツールでパッケージを管理することがデファクトになっています。

Ruby on Rails（Rails、RoR）

2004年に登場したRuby on Rails[*3]は、Webアプリを手軽に開発できるフレームワークです。Railsの登場により、Rubyは世界中で使われるようになりました。MVCモデルを採用し、少ないコードで本格的なアプリを開発できるRailsは熱狂的に支持されていきます。Railsの登場以降も多くのWebフレームワークが登場しましたが、いずれもRailsの影響を大なり小なり受けているといっていいでしょう。

活躍するシーン

Webアプリケーション **スクリプト**

RubyはWebアプリの開発と簡単なスクリプトの作成に主に用いられます。Webアプリ開発は強力なWebフレームワークRuby on Railsによって、スクリプトは簡潔に記述できる特性や文字処理の簡便さによって、いずれも便利に使えます。他には仮想環境の設定ツールのVagrantやサーバー管理のChefなどが有名です。Webアプリの開発や設定ツールなど、世界中で幅広く使われています。

Column

日本をはじめ世界で人気のRuby。愛好家たちはRubyistと呼ばれます。Railsで世界的に人気になった言語ですが、そもそもRailsがRubyで開発されたのはなぜでしょう？

Ruby on Railsは最初期にはPHPでの開発が検討されていました。しかし、作者のDavid Heinemeier Hansson（通称DHH）がRubyを試したところ、その魅力に目覚めて最終的にはRubyを採用したという経緯があります。RubyそのものがRailsの設計にも影響を与えるほどです。

Rubyの魅力は多くあります。メタプログラミングが可能であり、冗長なコードを書く必要がなかったこと、コア部分まで変更・再定義できるほど拡張しやすいこと、ブロックの使いやすさなどです。DHHのように、多くのRubyユーザーが「Rubyを書くのが楽しい」と感じたため今も人気を集めます。

コード Ruby の FizzBuzz

RubyでFizzBuzz問題を解くプログラムです。かなり記述がシンプルです。Rubyではブロックを示す {} やreturnが一定の条件で省略できるため、場合によってはかなり短くコードを書けることが特徴です。

```
# FizzBuzz に応じた値を返す関数
def fizzbuzz(i)
  if i % 3 == 0 and i % 5 == 0
    "FizzBuzz"
  elsif i % 3 == 0
    "Fizz"
  elsif i % 5 == 0
    "Buzz"
  else
    i
  end
end

# 1から100まで繰り返しfizzbuzzを呼ぶ
1.upto(100) do |i|
```

FizzBuzzに応じた値を返す関数を定義します。if文の直後に値を書くことができます。そして、それが関数の戻り値となります。

▶ fizzbuzz.rb

Rubyですべての数値や文字列はオブジェクトであり、1もオブジェクトです。ここでは、整数値が持つuptoメソッドを使い、1から100まで繰り返しfizzubuzz関数を呼び出すように指定します。

＊1　まつもと氏の同僚の誕生石。
＊2　『オブジェクト指向スクリプト言語Ruby』まつもとゆきひろ、石塚圭樹著（1999）アスキー ISBN: 4756132545
＊3　Railsと略。

```
    puts fizzbuzz(i)
end
```

世界中のWebサービスで使われるRuby

　Rubyは多くのWebサービスで採用されています。料理レシピのコミュニティサイトの「クックパッド」やソースコードのホスティングで有名な「GitHub」、グルメサイトの「食べログ」、ニュースサイトの「Gunosy」などもRubyを採用しています。

Rubyでまちおこし

　まつもと氏が在住する島根県松江市では、2006年よりRubyを地域資源とした「Ruby City MATSUE プロジェクト」を展開し、IT企業の誘致などを行っています。人材育成として、Rubyを利用した中学生へのプログラミング教室を開催したり、JR松江駅前に「松江オープンラボ」を開設してオープンソースに特化した研究・開発・交流のための拠点としたりしています。また、松江市ではRubyWorld Conferenceという国際カンファレンスも行っています。

RubyWorld Conferenceで登壇するまつもと氏

　オープンソースソフトウェアと地域振興を結びつけた先進的な取り組みとして注目されています。

松江オープンラボ

ラボ内部の様子

オブジェクト指向を利用したFizzBuzz問題のプログラム

Rubyの特徴はオブジェクト指向です。オブジェクト指向を利用して、FizzBuzz問題を解きます。

▶ **fizzbuzz2.rb**

```ruby
# FizzBuzzクラスを定義              FizzBuzzクラスを定義します。
class FizzBuzz
  # 初期化メソッド                  クラスを生成したときに実行される初期化メソッドを定義します。
  def initialize(max)
    @max = max
    # FizzとBuzzの判定条件を定義      FizzとBuzzの条件を判定する条件をlambda式で定義します。
    @is_fizz = lambda { |n| n % 3 == 0 }
    @is_buzz = lambda { |n| n % 5 == 0 }
  end
  # 繰り返しFizzBuzzの値を出力        指定回数だけ繰り返しFizzBuzzの値を出力するメソッドを定義します。
  def run
    1.upto(@max){ |n| puts check(n) }
  end
  # FizzBuzzの値を判定               条件を一つずつ判定してFizzBuzzの値を返すメソッドを定義します。
  def check(n)
    if @is_fizz.call(n) and @is_buzz.call(n)
      "FizzBuzz"
    elsif @is_fizz.call(n)
      "Fizz"
    elsif @is_buzz.call(n)
      "Buzz"
    else
      n.to_s
    end
  end
end

# クラスをインスタンス化して実行       FizzBuzzクラスをインスタンス化（オブジェクトを作成）して実行します。
fb = FizzBuzz.new(100)
fb.run
```

Perl と Python がライバル？

　Rubyを語るときによく比較対象に挙げられるのが、PerlとPythonです。

　RubyはPerlの強い影響下にある言語です。それは用語や、そもそものプログラミング言語名から伺いしれます。ただ、RubyはPerlを完全に置き換えるようなものにはなりませんでした。PerlにはPerlの、RubyにはRubyの特徴があり、それぞれ使い分けられています。

　Rubyを語る上で比較対象として人気なのがPythonです。どちらも登場時期の近い、いわゆるスクリプト言語ということもあり頻繁に比較されます。近年では、人気という点ではPythonがRubyを上回っています。Python人気の背景には機械学習をはじめとしたライブラリの充実などがあります。ただし、Rubyも非常に人気のある言語であることを忘れてはいけません。GitHubやクックパッドなど世界中のサービスでRubyが活躍しています。

+1 mruby—組み込み向けのRuby

mruby[*4]とは組み込みシステム向けの軽量実装のRubyです。軽量実装ということもあり、本家Rubyと比較すると機能はやや限られています。Luaのように、組み込みの分野やC/C++との組み合わせで使うことを目的としています[*5]。特筆すべき点として、Ruby作者のまつもと氏が中心になって開発している事が挙げられます。

+1 Crystal—もしもRubyが静的型付けを重視したら？

Rubyはその書きやすさから多くの後進言語に影響を与えています。Elixir、Groovyは特に有名です。最も強い影響を受けている言語がCrystal[*6]でしょう。CrystalはRubyに静的型付け機能をつけたような言語で、JavaScriptに対するTypeScriptに近い立ち位置にあります。

Rubyがインタプリタ型なのに対して、Crystalはコンパイル言語です。より高速な実行が期待できます。Cとのバインディングも可能です。

CrystalのFizzBuzzも見てみましょう。Rubyとの完全互換を目指す言語ではない[*7]ため、多少書き方の違う箇所もありますが、大部分同じように書けました。

```crystal
class FizzBuzz
  @is_fizz : Proc(Int32, Bool) # 型定義
  @is_buzz : Proc(Int32, Bool)

  def initialize(max : Int32 ) # 型定義
    @max = max
    @is_fizz = -> (n : Int32 ) { n % 3 == 0 }
    @is_buzz = -> (n : Int32 ) { n % 5 == 0 }
  end

  def run
    1.upto(@max){ |n| puts check(n) }
  end

  def check(n)
    if @is_fizz.call(n) && @is_buzz.call(n) # 比較には&&
      "FizzBuzz"
    elsif @is_fizz.call(n)
      "Fizz"
    elsif @is_buzz.call(n)
      "Buzz"
    else
      n.to_s
    end
  end

end

fb = FizzBuzz.new(100)
fb.run
```

▶ fizzbuzz.cr

Crystalはまつもと氏もたびたびTwitterで言及する[*8]など、Rubyistからも注目のプログラミング言語です。オンラインREPL[*9]で試せます。

＊4　https://github.com/mruby/mruby
＊5　Apache HTTP Serverの拡張では、mod_luaのようなmod_mrubyが存在しています。
＊6　https://crystal-lang.org/
＊7　https://github.com/crystal-lang/crystal/wiki/Crystal-for-Rubyists
＊8　https://twitter.com/yukihiro_matz/status/1030690355262316544
＊9　https://play.crystal-lang.org/#/cr

+1 JRuby—JVMで動くRuby

　JRubyはRubyのJava実装（JVM言語）です。正確にはJRuby自体はプログラミング言語ではなく処理系でしかありませんが、活発に開発が行われており、一部の用途ではユーザーも少なくないため取り上げます[10]。

　JRubyはJVMで高速に動作し、Rubyよりもスレッドの処理に優れています。JRubyCompilerという機能を備えており、RubyのコードをJVMで動作する.classファイルにコンパイルできます。CによるRuby実装（CRubyもしくはMRI[11]）と完全互換というわけではない点には注意が必要です。

　基本的には読者の皆さんはCによるRuby実装を使っていれば問題ありませんが、気になる人は調べてみましょう。

JRubyは比較的活発に開発されている

+1 Opal—RubyをJavaScriptにする

　Rubyは人気の言語で数多くの派生処理系や影響を与えた言語が存在します。その中に、RubyをJavaScriptに変換（トランスパイル）しようという試みも存在します。Opal[12]はRubyをJavaScriptに変換する言語です。

+1 Streem—Matzの新言語

　Streem[13]はRubyの作者のまつもと氏が作成したプログラミング言語です。雑誌『日経Linux』の連載、「作りながら学ぶプログラミング言語[14]」の中で題材として作られました。現段階では実用段階ではなく、実験的な言語です。ストリーム（stream）を考え方の基本に持ち、シェルスクリプトのパイプのようにデータ処理をつないで処理します。並行処理も考慮に入れられています。

＊10 JRuby以外にもRuby処理系はいくつかあります。本書では特筆すべきもののみ紹介しています。CRubyが最も人気です。
＊11 Ruby MRI。MRIはMatz' Ruby Implementationの略。
＊12 https://opalrb.com/
＊13 https://github.com/matz/streem
＊14 後に書籍化。『まつもとゆきひろ 言語の仕組み』まつもとゆきひろ著（2016）　日経BP　ISBN: 978-4-8222-3917-6

▼ 最もWebで使われるWebアプリ開発に特化したプログラミング言語

ピーエイチピー

PHP

容易度	★★★★★
将来性	★★★☆☆
普及度	★★★★☆
保守性	★★★☆☆
中毒性	★★☆☆☆

開発者	分類	影響を受けた言語	影響を与えた言語
Rasmus Lerdorf（ラスマス・ラードフ）、PHP Group	動的型付け、オブジェクト指向	C、C++、Perl、Java、Tcl/Tk	Hack

Webサイト	: https://php.net/

言語の特徴 Web分野に完全特化　性能も年々向上している

　PHPはWebアプリの開発に特化したプログラミング言語です。Webサーバー上で動的なWebページを作るのに便利な機能を多く備えています。平易な文法で、動くものがすぐに作れるので、初心者にも人気です。元々はテンプレートを処理してHTMLを作成するためのプリプロセッサツール（変換ツール）でした。その後、Webアプリを開発するのに便利なライブラリやオブジェクト指向など多くの機能が追加され、今ではWebアプリ開発に欠かせないプログラミング言語になりました。ブログシステムのWordPress、世界最大のオンライン百科事典のWikipediaが採用しているMediaWikiなど多くのWebアプリがPHPで作られています。2019年の統計では、Webサイトの約8割にはPHPが使われているというデータもあります[1]。

PHPはWeb開発に特化

ページ遷移時に役立つセッション管理や、データベース接続など多くのWeb開発に便利な機能を標準で備えている。

＊1　W3Techs - https://w3techs.com/technologies/overview/programming_language/all

言語の歴史

1994年、Rasmus LerdorfはPHPの前身となる『Personal Home Page Tools』を公開します。その後、ユーザーからの機能要望に答え、データベースの接続などの機能を加え、大きく書き直されたものがオープンソースで公開されます。

1998年に言語機能を強化した『PHP 3』、2000年にPHPのコア部分を再設計し高速化した『PHP 4』、2004年にはオブジェクト指向を導入した『PHP 5』が公開されます。2015年に処理の大幅な高速化を実現した『PHP 7』が公開され、非常に歓迎されました。PHPは使いやすさからじわじわと人気を集め、PHP5以降は盤石な人気を得ています[2]。

Web開発に特化

PHPはWeb開発に特化しています。クッキー制御、セッション管理、データベース接続など、Web開発に便利な機能を標準でサポートしています。また、Apache HTTP ServerなどのWebサーバーのモジュール[3]として動作するようになっており、Webサーバーで効率的に動作する仕組みが整っています。

セキュリティ問題の指摘

2002年頃から数年間、PHPおよびPHP製Webアプリには多くのセキュリティ上の問題が見つかりました。そのため、PHPは問題の多いプログラミング言語と見なされていた時期もありました。しかし、そうした批判を受けて改善が進み、安全性が向上した現在では安心して使える言語となっています。

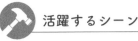

活躍するシーン

Webアプリケーション

主な用途はWebアプリケーションの開発です。Wikipediaの裏側やWordPressはPHP製です。またLaravelなど優れたフレームワークが多数存在します。コマンドラインで文字列を処理するといったことはPerl、Ruby、Pythonなどに比べるとそこまで得意ではなく、CLIツールとしてもあまり使われません。データベースとの接続が容易なので、データベース関連のバッチ処理などに使われることがあります。

Composer

PHPには、パッケージマネージャー・リポジトリがいくつかありました。現在ではNode.jsのnpmなどに影響を受けたComposerが最も多く使われています。かつてはPECL／PEARが使われていました。

Column

PHPは最初期は、ややプログラミング言語としては機能不足でしたが、現在まで進化を続け機能は強化され続けています。型注釈（type hinting）で引数の型を宣言できたり、使いやすい関数を増やしたりといった改善は有名です。また、PHP 7ではPHP 5から著しくパフォーマンスが向上し、人気を集めました。

コード | PHPのFizzBuzz

PHPでFizzBuzz問題を解くプログラムです。頭についている <?php がphpコードの開始を示します。PHPはHTMLと組み合わせて使うことを強く想定された言語で、<?php の記述もHTMLに影響されたものです。

▶ fizzbuzz.php

```php
<?php
// 1から100までfizzbuzz関数を実行
for ($i = 1; $i <= 100; $i++) {
  $result = fizzbuzz($i);
  echo $result."\n";
}
// FizzBuzzの結果を返す関数
function fizzbuzz($i) {
  if ($i % 3 == 0 && $i % 5 == 0) return "FizzBuzz";
  if ($i % 3 == 0) return "Fizz";
  if ($i % 5 == 0) return "Buzz";
  return $i;
}
```

for構文を利用してfizzbuzz関数を100回実行するよう指定します。PHPの変数名は$nameのように$から始まります。

fizzbuzz関数では、引数$iに応じた答えを返すように定義します。

---

*2 『PHP 6』はいくつかの問題があったためにリリース計画が変更となり、存在しないバージョンとなっています。
　　PHPは一時的にFIという名前を採用していたこともあります。
*3 mod_phpは有名です。

フレームワークによる Web 開発

フレームワーク (Framework) とは、「枠組み」や「骨組み」を意味します。PHPでフレームワークと言えば、Webアプリを作成するのに必要となる汎用的な機能をまとめたものです[4]。フレームワークを利用すると、アプリをゼロから作る必要がなく、オリジナル部分を作るだけで済みます。また多くのフレームワークはセキュリティ上の問題が起こりづらいように設計されています。現代のPHPを用いたWeb開発では、簡便さとセキュリティ向上のためにフレームワークを用いることが一般的です。そのままのPHPだけでは大変な箇所をフレームワークでフォローできます。

PHP の有名フレームワーク

PHPには様々なフレームワークがあります。2019年時点でPHPのWebフレームワークとして一番人気の『Laravel[5]』、Ruby on Railsの概念を取り入れた『CakePHP[6]』、MVCフレームワークの『Symfony[7]』、軽量で速度重視であることを特徴とする『CodeIgniter[8]』などがあります。Laravelは多くの機能を兼ね備え、Ruby on Railsなどに並ぶ最も人気のあるWebフレームワークをの1つです。

コード　HTML の中にプログラムが埋め込める PHP

PHPの最大の特徴は、HTMLの中にPHPのプログラムを埋め込むことができることです。ちょっとだけプログラムを埋め込みたいという場面に利用できます。HTMLとの親和性の高さもPHPの人気を押し上げる要因となりました。

以下は、九九の表を出力するプログラムです。

```
▶ kuku.php
<!DOCTYPE html>
<html>
  <head>
    <meta charset="utf-8">
    <title>九九の表</title>
    <style>
      td { width:30px; text-align:right; }
    </style>
  </head>
  <body>
    <h1>九九の表</h1>
    <table border="1">
      <?php // ここからPHPのプログラム
      for($y = 1; $y <= 9; $y++) {
        echo "<tr>"; //
        for ($x = 1; $x <= 9; $x++) {
          $v = $y * $x;
          echo "<td>$v</td>";
        }
        echo "</tr>";
```

> PHPのプログラムは、HTMLの中に埋め込んで記述できます。<?php から ?> までがプログラムです。

> PHPのプログラムで動的にHTMLを出力するのに、echoを利用します。

＊4　先述の Ruby on Rails も Web アプリケーションフレームワーク
＊5　https://laravel.com/
＊6　https://cakephp.org/jp
＊7　https://symfony.com/
＊8　https://codeigniter.com/

```
      }
    ?>
   </table>
  </body>
</html>
```

九九の表

1	2	3	4	5	6	7	8	9
2	4	6	8	10	12	14	16	18
3	6	9	12	15	18	21	24	27
4	8	12	16	20	24	28	32	36
5	10	15	20	25	30	35	40	45
6	12	18	24	30	36	42	48	54
7	14	21	28	35	42	49	56	63
8	16	24	32	40	48	56	64	72
9	18	27	36	45	54	63	72	81

+1 Hack/HHVM—Facebook製のPHPライクな言語

Hack[9]はFacebookによって開発されたプログラミング言語で、同社が当初PHPの実行環境として開発したHHVM（HipHop Virtual Machine）上で動作します。PHPとほぼ同じ言語仕様を持っていますが、Hackにはより機能が充実した静的な型システムがあります。HHVMは実行速度が速いことが特徴です。HHVMは当初はPHP/Hackに対応していましたが、HHVM 4.0からはHackのみに対応しています。PHPほどのユーザー数は獲得していません。

PHPの内部サーバー

PHPといえば長年Apache HTTP ServerなどのWebサーバーと組み合わせて使うものとして知られてきました。PHPの開発ツールで、Apache HTTP Serverを内蔵したXAMPPは長年愛されています。実はPHP 5.4以降はPHP本体にも開発用Webサーバー（ビルトインWebサーバー）が搭載されています。これによってPHP本体（処理系）さえあればごく基本的な実装の確認ができるようになり、開発効率が向上しました。ただし、このビルトインWebサーバーはあくまでも開発用のもので、Webアプリケーションの公開時には別のサーバーを用意する必要があります。

---

[9] https://hhvm.com/

▼ 高速動作と高い移植性を持つ組み込みスクリプト言語

ルア
Lua

容易度	★★★☆
将来性	★★★
普及度	★★
保守性	★★★
中毒性	★★☆

開発者	分類	影響を受けた言語	影響を与えた言語
Roberto Ierusalimschy（ロベルト・イエルサムリスキー）	動的型付け、手続き型、プロトタイプベースのオブジェクト指向	Scheme	mruby

Webサイト	:	http://www.lua.org

言語の特徴 単体でも活躍するが他言語に組み込むことで威力を発揮

　Luaは軽量なプログラミング言語です。アプリケーション内に組み込んで、CやC++とともに使うことを想定されています。基本はCで記述しつつ設定変更を頻繁にしたい（プログラムの再コンパイルをしたくない）ときにLuaを用いると威力を発揮します。Luaは、動作速度、移植性の高さ、消費リソースの少なさに定評があります。MITライセンスで配布されているため、商用製品に組み込むことが容易です。

Luaは組み合わせて使うところに強み

Cなどのプログラムに、スクリプト言語のLuaを組み込んで使う。部分的にLuaを使うことで効率的にプログラムを開発できる。

言語の歴史

1993年にリオデジャネイロ・カトリカ大学で、コンピュータ科学科のRoberto Ierusalimschyらによって開発、公開されました。その後、数年おきに順調に新しいバージョンがリリースされます。2003年のバージョン5.0以降、ライセンスがMITになり、より組み込みやすくなりました。その後もインクリメンタルGCなどの機能が少しずつ、地道に追加されています。2015年の5.3（最新リリース）ではUnicode(UTF-8)ライブラリの追加や64ビットプラットフォームへの対応が行われました。

他の言語に組み込む言語

Luaの大きな特徴が組み込み言語としての一面です。Luaは移植性の高いCのライブラリとして実装されており、手軽にLuaをCのプログラムに組み込むことが可能です[2]。

各種プラグインとしてのLua

組み込みが容易であるため、様々な製品のプラグイン（機能拡張・設定ファイル）としてもLuaが使われています。有名なところでは、WebサーバーアプリのApache (mod_lua) やnginx、テキストエディタのVim/Neovim、ネットワーク解析のWireshark、歌声を生成するVOCALOID3 (VOCALOID3 Editor) などがあります。

活躍するシーン

`ゲーム開発` `アプリケーションの設定`

他のプログラミング言語に組み込んで利用される用途が圧倒的に多いです。CやC++で作成されたゲームなどのアプリケーション開発の補助的な役割（設定変更）で使われます。LuaのWebサイトのShowcaseのページには、多くのゲームで利用されていることや、GitHubやWikipediaなど大手Webサービスで使われていることが紹介されています[1]。他の動的型付け言語のようにLua単体で利用することも可能で、Webアプリケーションフレームワークなども存在します。

Column

CからLuaを呼び出すだけではなく、LuaからCで作成した関数を手軽に呼び出すことができます。異なる言語間で密な連携が簡単にできるのは大きなメリットです。またC++もLuaと相互に利用しやすいです。言語の柔軟性も高く、連想配列であるテーブルが利用可能である他、プロトタイプベースのオブジェクト指向、コルーチンなど便利な言語機能が利用可能です。

コード　LuaのFizzBuzz

LuaでFizzBuzz問題を解くプログラムです。ここでは関数を使って定義してみています。

▶ fizzbuzz.lua

```lua
-- FizzBuzzを返す関数を定義
function fizzbuzz(i)
  -- 無名関数を定義
  is_fizz = function (i) return i % 3 == 0 end
  is_buzz = function (i) return i % 5 == 0 end
  -- 順に条件を判定
  if is_fizz(i) and is_buzz(i) then
    return "FizzBuzz"
  elseif is_fizz(i) then
    return "Fizz"
  elseif is_buzz(i) then
    return "Buzz"
  end
  return i
end

-- 1から100まで繰り返す
for i = 1, 100 do
  print(fizzbuzz(i))
end
```

FizzBuzzを返す関数を定義します。またLuaのコメントは--から改行までとちょっと変わっています。

無名関数を定義し変数に代入します。

各種条件をif構文で判定します。

for構文で100回fizzbuzz関数を呼び出します。

＊1　https://www.lua.org/showcase.html
＊2　ここでの組み込むとは組み込み機器のことではありません。

+1 LuaJIT—JITでLuaを速くする

LuaJIT[3]は速度に注力したLuaの実行環境です。Luaのプログラムを実行時にコンパイルし高速化する機能を持っています。このような実行時コンパイルをJust-in-time、JITコンパイルと呼びます。Luaは動的型付け言語ですが、LuaJITを使うことで高速に動作し、ケースによってはコンパイル言語と遜色ない働きをします。JITは動的型付け言語の高速化に寄与するためLuaJIT以外にもJavaScriptの主要な処理系などで用いられている技術です。

+1 MoonScript—Luaを書きやすくしたいなら

Luaはかなりシンプルな言語ですが、記述が柔軟さに欠けるためそこまで書きやすくはありません。そこで、より強力な言語からトランスパイル（変換）しようという動きもあります。代表的なのがLuaをJavaScript/CoffeeScriptのように書けるMoonScript[4]です。他に、HaxeもLua出力に対応しています。

これだけだとLuaと比べてメリットは見えづらいかもしれないですが、MoonScriptのFizzBuzzを見てみましょう。Pythonライクなインデントを重視する文法でかなり少ない入力数で済みます。

▶ fizzbuzz.moon

```
fizzbuzz = (i) ->
  if i % 3 == 0 and i % 5 == 0
    print "FizzBuzz"
  else if i % 3 == 0
    print "Fizz"
  else if i % 5 == 0
    print "Buzz"
  else
    print i

for num = 1, 100
  fizzbuzz num
```

組み合わせて輝くLua

Luaは汎用プログラミング言語として一定の機能は持っていますが、そこまで強力なものではなく、単体で使うことはそこまで多くありません。スクリプト言語としてはPythonやRubyのほうが人気があるでしょう。ただ、他言語との組み合わせやすさと、プログラミング言語であることに起因する処理の柔軟さから設定ファイルや記述には重宝します。Webサーバーの設定部分やゲームのスクリプト（グラフィックなどのゲーム本体とは異なる簡易なプログラム）といったところで、縁の下の力持ちとして活躍します。こういったWebサーバーの設定などの用途ではmrubyなども近い使い方ができます。

＊3 http://luajit.org/
＊4 https://moonscript.org/

▼ 強力な文字列処理機能を持つ軽量スクリプト言語

パール
Perl

容易度	★★★★☆
将来性	★★☆☆☆
普及度	★★★★☆
保守性	★★☆☆☆
中毒性	★★★☆☆

開発者	分類	影響を受けた言語	影響を与えた言語
Larry Wall（ラリー・ウォール）	動的型付け、手続き型、オブジェクト指向	AWK、sed、BASIC、C、C++、Lisp、Pascal、sed、Bash/Shell Script	JavaScript、PHP、Python、Ruby、PowerShell

Webサイト	https://www.perl.org/

言語の特徴 文書処理が得意　多くの環境で長い間動作するため重宝される

　Perlは根強い人気を誇る、歴史あるスクリプト言語です。実用性と多様性に重きが置かれています。バッチ処理やテキスト処理、システム管理、Webアプリ開発など、様々な分野で利用されてきました。手軽にプログラムが作って実行できます。Perl/CGIというWebアプリケーションのシステムが人気を集めました。その後に登場するRuby、Python、PHPなどの言語に多大な影響を与えています。

テキスト処理が得意な元祖スクリプト言語

テキスト処理処理が得意で、多くのスクリプト言語に影響を与えた。バッチ処理からWebアプリ（CGI）を開発まで広く使われてきた。

言語の歴史

Perlは1987年、管理制御システムのレポート作成ツールとして開発されます。当初はテキスト処理を中心とした言語でした。翌年のバージョン2.0には、強力な正規表現ライブラリが搭載されます。1991年にバージョン4.0が公開されます。それと同時にラクダ本として有名な「Programming Perl[*1]」が発売され、Perlの名は世界中に知り渡ります。1994年には5.0が公開されオブジェクト指向に対応しました。5系がその後現在まで長い間開発され続けています。執筆現在はPerl 5.31.10が安定版の最新リリースです。かつてPerl 6というプロジェクトが存在しましたがPerl 6は別言語として独立しました。

活躍するシーン

`スクリプト` `コマンドライン` `文書処理`

PerlはちょっとしたスクリプトからWebアプリケーションの開発まで様々な用途で広く使われています。特にUnix系OSのスクリプト言語として人気があり、ちょっとした処理を書くならシェルスクリプトかPerlが人気です。Perlは後方互換性[*2]が比較的維持されている言語で、かつ多くのUnix系OS[*3]にデフォルトで搭載されているため、一度書いたスクリプトがどこでも動かしやすいという特徴もあります。Webアプリの開発では、ブログなどコンテンツ管理システムの先駆けとなった『Movable Type[*4]』やフレームワークの『Mojolicious[*5]』が有名です。Unix系OSでパッケージ開発に欠かせない『automake』もPerlで開発されています。

◎ Perlモジュールと CPAN

Perlはモジュールによって機能を拡張できます。モジュールは、Webサイトの『CPAN[*6]』にて体系的に管理されています。汎用性の高いモジュールが多数登録されています。

◎ Perlの由来

Perlは、新約聖書のマタイ13章に出てくる高価な『真珠(pearl)』に由来します。Perlの公開直前に『pearl』というプログラミング言語が存在することに気づき、綴りが変更されました。

◎ 正規表現を世に広めたPerl

Perlの功績の一つが、正規表現を世間に浸透させたことでしょう[*7]。正規表現にはPOSIX標準もありますが、Perl 5準拠のものが人気です。このPerl 5準拠の互換の強力な正規表現ライブラリ『PCRE (Perl Compatible Regular Expressions)』は有名で、PHPなどでも積極的に利用されています。こういった機能の強力さや、sedやAWKなどの影響を含めて、文字列処理の分野ではPerlは人気のある言語です。

Column

プログラマーの三大美徳として有名な「怠惰」「短気」「傲慢」は、Perlの作者Wall氏が提唱したものです。「怠惰」であれば、全体の労力を減らすため、手間を惜しまず役立つプログラムを書きます。「短気」であれば、今ある問題に憤りを感じ、今後起こりうる問題を想定したプログラムを書きます。「傲慢」であれば、人様に対して恥ずかしくないプログラムを書きます。こうした理念から作られたPerlは、多くの開発者の支持と尊敬を集めています。Wall氏はユニークな人物で、もともと言語学者でもあり、それはPerlの設計にも反映されています。

`コード` **Perl の FizzBuzz**

Perl で FizzBuzz 問題を解くプログラムです。

```
# 1から100まで繰り返す          Perlで特定の回数繰り返すには、C言語風のforも使えますが、このように
for my $i (1..100) {            特定の数値を「1..100」のように指定することもできます。
  print fizzbuzz($i)."\n";
}


# fizzbuzzに応じた値を返す       サブルーチンを定義します。FizzBuzzに応じた値を返します。
sub fizzbuzz {
  my $i = $_[0];
  my $is_fizz = ($i % 3 == 0);
  my $is_buzz = ($i % 5 == 0);
```

▶ fizzbuzz.pl

---

* 1　邦訳版は、「『プログラミング Perl 第3版 VOLUME 1』 Larry Wall、Tom Christiansen、Jon Orwant著　近藤嘉雪訳 (2002) オライリー・ジャパン　ISBN: 4-87311-096-3」などがあります。
* 2　あるバージョンで動いたスクリプトが、それより後のバージョンでも問題なく・あるいは最低限の変更で動かせるようにする互換性のこと。
* 3　macOS や Linux。
* 4　https://www.sixapart.jp/movabletype/
* 5　https://mojolicious.org/
* 6　https://www.cpan.org/
* 7　正規表現の実装では他の言語やツールが先行していましたが、Perlのものは使いやすく人気でした。

```
  return 'FizzBuzz' if ($is_fizz && $is_buzz);
  return 'Fizz' if ($is_fizz);
  return 'Buzz' if ($is_buzz);
  $i; # 関数の終端  ←──[Perlでは最後に指定した値を戻り値として返します。]
}
```

魅惑のワンライナー

　Perlのプログラムでよく使われるテクニックが『ワンライナー』です。これは、しっかりとしたプログラムを書くほどではないものの、ちょっと文字列を整形したいとか、ログファイルの集計処理を記述したいという時に使うテクニックです。基本的にコマンドライン上で使うもので、Perlのプログラムを一行で記述するものです。ワンライナーは以下の書式で記述します。

```
[書式] perl -le 'ここにプログラム'
```

　例えば、ワンライナーで簡単な計算を行うには、コマンドライン上で以下のように記述します。

```
$ perl -le 'print 3+8'
11
```

　他にも文字列置換にsedのように使ったり、grepのように文字検索に使ったりできます。

+1 Raku─幻のPerl 6

　Perl 5は現在まで25年以上開発が続いていますが、これと平行して2000年にPerl 6の設計が始まりました。Perl 6は15年もの開発期間を経て、2015年に正式版がリリースされました。Perl 6はPerl 5と互換性がかなり低く、オブジェクト指向をより本格的に言語レベルで採用するなど多くの点でPerl 5と異なるものになっています。Perl 6はPerl 5の純粋な後継というよりも別言語と呼ぶべきものに進化していき、最終的にPerl 6はRaku[8]と改名し、既存のPerlとは別プログラミング言語として開発されることが決まりました。

　2000年にはじまったPerl 6の開発は、次世代を担うPerlのあるべき姿を考えたものであり、仕様を書くところから始まりました。仕様と実装が不可分だったPerl 5以前とは異なります。そのため、それを実装する処理系が複数存在するというものになっています。2005年、Haskellによる実装のPugsが公開されます。2008年には仮想マシンParrotで動くRakudoが公開され、2015年のリリース時には、仮想マシンのMoarVM/JVM上でRakudoが動作するようになりました。

　RakuでFizzBuzzのプログラムを書くと以下のようになります。

```
# FizzBuzzの値を返す関数を定義 ←──[FizzBuzzの値を返す関数を定義します。他の言語のswitchに似た        ▶ fizzbuzz.p6
sub fizzbuzz(Int $n) {            given構文を利用して条件を判定します。]
  given [$n % 3, $n % 5] {
    when [0, 0] { "FizzBuzz" }
    when [0, *] { "Fizz" }
    when [*, 0] { "Buzz" }
    default { $n }
  }
}
# 1から100まで繰り返し表示 ←──[1から100まで繰り返しfizzbuzz関数を呼び出して表示します。]
for 1..100 { fizzbuzz($_).say };
```

＊8　https://raku.org/

ジャバスクリプト

JavaScript

容易度	★★★★☆
将来性	★★★★★
普及度	★★★★★
保守性	★★★☆☆
中毒性	★★★★☆

開発者	分類	影響を受けた言語	影響を与えた言語
Netscape Communications、Brendan Eich（ブレンダン・アイク）、Ecma TC39	動的型付け、プロトタイプベースのオブジェクト指向	C、Java、Perl、Python、Scheme、Self、CoffeeScript	Haxe、Dart、TypeScript、CoffeeScript、ActionScript、Node.js、WebAssembly、Kotlin
Webサイト	: https://developer.mozilla.org/ja/docs/Web/JavaScript[1]		

言語の特徴 | Webアプリケーションの実現に欠かせない　高速な言語

　JavaScriptは実質的に唯一のWebブラウザ上で動作するプログラミング言語[2]です。パソコン、スマートフォンを問わず主要なWebブラウザ上で動作し、ブラウザのないサーバーやIoTなどの環境でも使われます[3]。人気があり、ニーズの多さから実行速度向上が絶えず行われてきた高速な言語です。略して、拡張子と同じようにJS（ジェイエス）と呼ばれることが多いです。プロトタイプという独特なオブジェクト指向を採用しています。

JavaScriptはWebに欠かせない

JavaScriptは当初Webブラウザに動的な変化を与える簡易な言語だったが、Webアプリケーションとともにどんどん進化。

＊1　Web開発者向けの情報があつまったMDNのJavaScriptの解説ページ。
＊2　WebAssembly除く。WebAssemblyはJavaScriptにできることができない点があり、単純な比較対象にはできません。
＊3　Node.jsも参照。

言語の歴史

JavaScriptは、Brendan Eichに開発され、1995年にNetscape Navigator 2.0[*4]に搭載されて登場します。1996年にIEにも搭載され[*5]、大きく普及します。2000年代中盤頃から、互換性問題が少なくなったことやAjaxなどの機能・体験の向上を背景に本格的に活用されるようになります。JavaScriptは1997年にECMAScript[*6]として標準化されます。2015年発行のECMAScript 2015では多くの先進的な機能が追加されました。これ以降[*7]、毎年仕様が更新され活発に開発されています。

活躍するシーン

[Webフロントエンド] [Webアプリケーション]
[スマートフォンアプリ] [デスクトップ]

当初JavaScriptの用途は、Webブラウザに簡易的な動的要素を組み込むものでした。しかし、その後、Ajax技術により大々的に脚光を浴び、ページ遷移のない動的なページを作るのに欠かせないものとなります。また、JavaScriptをWebブラウザの外でも使うことを目的としたNode.jsはWebサーバーでアプリを作るのに利用されます。React NativeやElectronといったツールによってスマートフォン、デスクトップアプリの開発も可能です。

Ajax

2000年代中盤、JavaScriptがAjax（Asynchronous JavaScript and XML）によって大きく注目されます。AjaxとはJavaScriptの非同期通信を利用し、JSONやXMLのデータをサーバーから取得、それをJavaScriptで適宜編集して画面に表示する技術です。ページリロードなしで取得した情報を画面に表示でき、軽快にWebアプリケーションを操作する体験ができたため人気を集めました。Ajaxを使ったアプリに、GoogleマップやGmailなどがあります。

HTML5

2000年代中盤以降、JavaScriptは高機能なクライアントを開発する言語として注目を集めます。その流れの中で、高機能なWebアプリケーションを作るにはJavaScriptだとまだまだ能力が足りない箇所も見えてきます。こういった状況でHTML5が登場しました。HTML5はWebブラウザで高度なアプリケーションを実装することを見越したHTMLなどWeb関連の一連の仕様です。
2008年にドラフトが勧告されて以降、描画のCanvasやオフライン機能など高度な機能が実装されていき、JavaScriptでできることがどんどん増えていきました。現在ではJavaScriptを多用した高度なWebアプリケーションは一般的になっています。

ECMAScript 6（ECMAScript 2015）

仕様の第6版となるECMAScript 2015策定以降、ECMAScriptは毎年更新されています。そのためこれ以降、仕様の名称には発行年が付与されています。転換期のECMAScript 2015はECMAScript 6と呼ばれることもあります。ECMAScript 2015では、クラス定義、モジュール、イテレータ、for..ofループ、ジェネレータ、アロー関数、定数宣言、テンプレート文字列など、様々な言語機能が追加されました。

Column

JavaScriptの進化はWebブラウザの進化とも強く関連しています。Webブラウザで動く唯一の言語としてJavaScriptは様々な機能を求められ、Webの発展とともに進化してきました。

コード | JavaScript の FizzBuzz

JavaScriptで記述したFizzBuzzのプログラムです。

▶ fizzbuzz.js

```
// 1から100まで繰り返す ─── for構文を用いて1から100まで繰り返しfizzbuzz関数を呼び出します。
for (var i = 1; i <= 100; i++) {
  console.log(fizzbuzz(i));
}
// FizzBuzzの条件によって返す関数 ─── 引数iに応じて、FizzBuzzの結果を返す関数を定義します。
function fizzbuzz(i) {
  // 条件に合致するか調べる
  if (i %  3 == 0 && i % 5 == 0) return "FizzBuzz";
  if (i % 3 == 0) return "Fizz";
  if (i % 5 == 0) return "Buzz";
  // その他の場合
  return i;
}
```

[*4] Netscape Communicationsが開発したWebブラウザ。Mozilla Firefoxの前身。Eich氏は当時Netscape Communications所属。
[*5] Internet Explorer 3に搭載。名称はJScript。
[*6] Ecma Internationalによる。EcmaはC#やDartなどの標準化も行っています。標準化は互換性などの問題回避のために有効です。
[*7] ECMAScriptは第5版の仕様が長年保守され、一時期言語仕様の進化は停滞気味でした。

Java と JavaScript の違い

Java と JavaScript は全く違う言語です。両者の違いは、「パン」と「パンダ」の違いと近いものと考えてください。JavaScript が誕生した 1995 年というのは、プログラミング言語 Java が非常に流行した年でした。そこで Java の開発元であるサン・マイクロシステムズ社と提携していた Netscape 社は、開発したプログラミング言語に「JavaScript」という名前を付けました。多くの人が勘違いしていますが、名前が似ているだけで、**Java と JavaScript は全く違うプログラミング言語**なので注意しましょう。

JavaScript が人気になる前と後

今では JavaScript のない Web 開発は考えられませんが、実は Ajax や HTML5 が出てくる前は Web アプリケーション分野では、JavaScript は補助的な役割しか与えられていませんでした。JavaScript の代わりにサーバーサイドで多くをまかなう、あるいは Java Applet、Adobe Flash Player や Microsoft Silverlight といったプラグインを Web 開発に用いました。これらのプラグインはセキュリティや使い勝手に難があったものの、当時の JavaScript よりはアプリケーションとしての開発が容易だったため人気がありました。

現代ではこれらのプラグインはほぼ使われなくなり、JavaScript を用いることが一般的です。

ECMAScript と JavaScript の違い

ECMAScript とは、JavaScript の標準規格です。1998 年に Ecma International にて ECMA-262 という規格番号で標準化されています。日本でも、JIS X 3060 として標準化されています。ECMAScript はあくまでも標準規格の名称であり、Web ブラウザで実際に動くものが JavaScript と考えてください。

JavaScript は誰が作っているのか

JavaScript のもととなる仕様の ECMAScript は ECMA の TC39 というグループが策定を進めています。TC39 は、Mozilla や Apple や Google などの JavaScript（Web ブラウザ）を実装する側、JavaScript で実際に Web アプリケーションなどを構築する側など複数の企業団体から集まったメンバーで運営されています。現代の JavaScript は TC39 によって仕様が策定され、JavaScript 処理系は Web ブラウザ提供者の企業や団体が作っていると考えるといいでしょう。

altJS

何らかのプログラミング言語から、JavaScript に変換して実行する言語を **altJS** と呼びます。

Web ブラウザでプログラムを動作させようと思うと、選択肢は実質的に JavaScript しかありません。これだと、JavaScript の書きやすさや表現力に不満があって他の言語で書きたいといったケースで困ります。こういった課題を解決するためには、何らかのプログラミング言語から JavaScript を生成するというアプローチが最適でした。こういった背景から altJS は使われるようになります。

現在最も人気があるのは、JavaScript に静的型付けを加えた TypeScript でしょう。他には altJS のさきがけとなった CoffeeScript が有名です。Elm、Haxe、Dart なども一定の人気があります。

これらはトランスパイル（別言語への変換）を前提としつつ開発されている言語です。こういった新言語に対して、既存の言語を JavaScript に変換しようという試みも数多くあります。例えば、Emscripten (C/C++)、GHCJS (Haskell)、BuckleScript と js_of_ocaml (OCaml) [8] などは比較的よく知られています。

JavaScript ライブラリ・フレームワーク

JavaScript が面白いのは、言語の柔軟性の高さだけでなく、周辺技術にも活気がある点です。JavaScript を効率的に使うために、さまざまなライブラリやフレームワークが次々と登場して広く用いられてきました。2006年頃より Prototype.js、2008年頃より手軽に UI を操作できる jQuery が注目を集めます。jQuery は現在も広く使われています。最近では、Angular、Vue.js、React などのフレームワークが次々と登場しています。これらのフレームワークは軽快な操作性をもつ、ある程度複雑な Web アプリケーションを効率的に開発するために用いられます。

また、スマートフォンアプリを作るための JavaScript フレームワークの PhoneGap や React Native や、PC 向けのデスクトップアプリを JavaScript で作る Electron もあります。Web サーバーやバッチ処理を作るのに便利な Node.js は広く使われていて、Node.js 向けのライブラリも数多くあります。このように、便利で面白い JavaScript のライブラリ・フレームワークを数え上げたらキリがありません。これらのライブラリは npm などで公開されています。

コード ── ES2015 の機能を活かした FizzBuzz

▶ fizzbuzz2.js

```
// 最初に1から100までの配列 (Array) を生成
const nums = [...Array(100 + 1).keys()].slice(1);
```
配列を101個生成し、keys()で0～101まで連番を振り、その上で最初の0を取っています。

```
// アロー関数で Fizz と Buzz の条件を定義
const isFizz = n => n % 3 == 0, isBuzz = n => n % 5 == 0;
```
アロー関数を利用して、Fizz と Buzz の条件を判定する関数を生成します。

```
// FizzBuzz の条件によって返す関数
function getFizzBuzz(i) {
  if (isFizz(i) && isBuzz(i)) return "FizzBuzz";
  if (isFizz(i)) return "Fizz";
  if (isBuzz(i)) return "Buzz";
  return i;
}
```
関数 Fizz、関数 Buzz を用いて FizzBuzz を求める関数を作成します。この箇所は特に ES2015 らしい書き方はしていません。

```
// 配列 nums の各要素に map で FizzBuzz 関数を適用し、さらに forEach で表示
nums.map(v => getFizzBuzz(v)).forEach((v, i) => console.log(v));
```
配列 nums の各要素に対して map で getFizzBuzz 関数を適用し配列を返し、その配列を forEach で個別に表示しています。

---

[8] これらはそれぞれ、想定する用途などが異なります。

▼ Webサーバーで動作するJavaScript実行エンジン

ノードジェイエス

Node.js

容易度	★★★★☆
将来性	★★★★★
普及度	★★★★★
保守性	★★★☆☆
中毒性	★★★★☆

開発者	分類	影響を受けた言語	影響を与えた言語
Ryan Dahl（ライアン・ダール）、OpenJS Foundation	動的型付け、プロトタイプベースのオブジェクト指向	JavaScript	Deno

Webサイト	:	https://nodejs.org

言語の特徴 JavaScript開発では欠かせない　高速実行環境

　Node.jsはJavaScriptの実行エンジンです[1]Node.jsは、Google Chromeに採用されているJavaScriptエンジンのV8を利用しつつ、Webサーバー向けの機能を追加したものです。JavaScriptをブラウザ抜きで動かすための環境として人気を集めています。ノンブロッキングI/Oとイベントループのモデルを採用することにより、大量のアクセスに対応するWebアプリケーションを作成しやすいのが特徴です。Node.jsのライブラリを手軽にインストールできるパッケージマネージャーのnpmは広く利用されています。Webサーバー以外にもローカルで開発ツールを動作させるのに使えるため、JavaScriptを用いた本格的な開発では必須になりつつあります。

Webブラウザの外でもJavaScriptを活用

Node.jsはWebサーバーを想定したJavaScript実行環境。JavaScriptの可能性を押し広げた。

＊1　Node.jsという言語があるわけではないのですが、WebブラウザのJavaScriptとは用途が異なるため、本書では別項目にしています。

言語の歴史

基本的にJavaScriptは、Webブラウザ向けの言語でした。しかし、実行速度に優れ、ある程度文法が柔軟なJavaScriptをWebサーバー側のプログラムやバッチ処理にも利用したいという要望が出てきます。Java環境で動くJavaScriptエンジンのRhinoや、Windowsのスクリプト言語であるJScriptなどがありましたが、これらの処理系は性能や使い勝手に課題があり、そこまでメジャーにはなりませんでした。2009年に実行速度の速いV8エンジンを利用しつつ、Webアプリケーションに必要な機能を詰め込んだNode.jsが生まれ、決定版となります。

サーバーサイド JavaScript

サーバーで動くWebアプリを作るのにNode.jsが採用される大きな理由の1つは、ノンブロッキングI/Oとイベントループの仕組みがあるからです。これらの特徴によって大量のアクセスによる性能劣化、『クライアント1万台（c10k）問題』がNode.jsでは起こりません。

ノンブロッキング

Node.jsのライブラリの多くは、ノンブロッキングで命令が実装されています。ノンブロッキングとは、ネットワークやファイルの入出力など実行に時間がかかる処理を完了まで待たず、次の処理を次々と行い、処理が完了した時点で改めて完了時の処理を実行するというものです。これによってプログラム中の「待ち」の時間が減らせます。

npm

Node.jsのパッケージマネージャーがnpmです。npmにはさまざまなライブラリが登録されています。Node.jsアプリケーションだけでなくWebフロントエンドの開発にも役立ちます。TypeScriptやWebpackといったツールもnpmから入手できます。yarnと呼ばれるnpm代替ソフトウェアも注目されています。

活躍するシーン

`Webアプリケーション` `コマンドライン`

主にWebアプリケーション作成に用いられ、ExpressというWebフレームワークが有名です。Webブラウザ向けのJavaScriptのプログラムを整形したり、圧縮したりするためのツール（CLIツール）としても利用します。ツールとはやや違いますが、TypeScriptのコンパイラの実行にもNode.jsが用いられます。また、豊富なライブラリを活かして、バッチ処理にも利用されています。

Column

Node.jsの登場以前は、JavaScriptでサーバー側のWebアプリを開発するのは無謀だと思われていました。しかし、Node.jsを使うと効率よく大量のアクセスに対して応答を返せることが証明され、現在では多くのWebアプリケーション（サーバーサイド）が開発されています。Node.jsは、性能の高さ・効率の良さに加えて、ブラウザ側のプログラムとサーバー側のプログラムの両方をJavaScriptで記述できることもメリットです。多くのライブラリが公開されている点でも支持されています。

コード Node.js（JavaScript）のFizzBuzz

Node.js（JavaScript）で記述したFizzBuzzのプログラムです。Node.jsは、V8を用いているため、搭載しているV8と同水準でECMAScriptの最新仕様に追随しています。既にJavaScriptの項で一般的なFizzBuzz問題を解くプログラムを紹介しているので、ここでは、ES2015で導入されたクラス定義の機能を利用します。JavaやRubyのようにクラス定義ができるのがコードからわかります。

▶ fizzbuzz3.js

```
// FizzBuzz クラスを定義
class FizzBuzz {
  constructor(max) { // コンストラクタ
    this.max = max
    this.cur = 1
  }
  get isEnd () { // 繰り返しの終了判定関数
    return this.max < this.cur
  }
  next () { // カーソルを次に移動する関数
    this.cur++
  }
  run () { // 繰り返しFizzBuzzの結果を表示する
    while (!this.isEnd) {
      console.log(this.value)
      this.next()
    }
```

- FizzBuzzクラスを定義します。
- クラスのコンストラクタを定義します。コンストラクタはオブジェクトを生成すると自動的に実行されるメソッドのことです。
- 繰り返しを続けるかを判定するisEndメソッドを定義します。ここではgetをつけてメソッドをプロパティのように使えるゲッターにします。
- カーソルを進めるnextメソッドを定義します。
- FizzBuzz問題を解くrunメソッドを定義します。ここでは、isEndの値がtrueになるまで繰り返し、カーソルを進めてFizzBuzzの結果を出力します。

```
  }
  // FizzBuzzを判定するメソッド
  get isFizz () { return this.cur % 3 == 0 }
  get isBuzz () { return this.cur % 5 == 0 }
  // FizzBuzzの結果を求めるメソッド
  get value () {
    if (this.isFizz && this.isBuzz) return "FizzBuzz"
    if (this.isFizz) return "Fizz"
    if (this.isBuzz) return "Buzz"
    return this.cur
  }
}
// オブジェクトを生成して実行
const fb = new FizzBuzz(100)
fb.run()
```

> FizzとBuzzの判定をするメソッドを定義しますが、getをつけてゲッターとして定義します。

> FizzBuzzの結果を求めるメソッドvalueを定義します。これもゲッターとして定義します。

> FizzBuzzオブジェクトを生成して処理を実行します。

npmのエコシステム

　JavaScriptはライブラリの開発が非常に活発です。それを支えるパッケージリポジトリ[2]のnpm[3]には日々、大量に個人や企業からのパッケージの追加、大量のパッケージのダウンロードが行われています。例えば、人気ライブラリのReactはnpmでの週間インストール数が600万超です。利用者の多さ、活発さが伺えます。

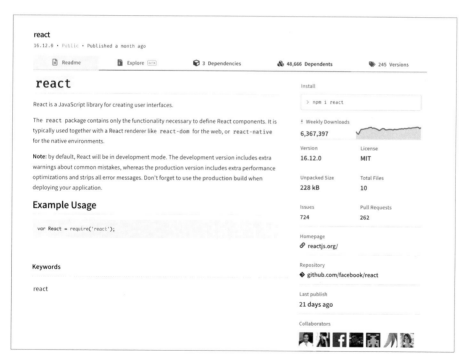

＊2　主にオープンソースソフトウェアのパッケージ（ライブラリ）が集まる図書館のような場所。
＊3　https://www.npmjs.com/

Web フロントエンドの開発にも欠かせない

　Node.js自体はサーバーサイドでの実行を意識して開発されたものですが、近年はWebフロントエンドでの開発にも欠かせないものになりつつあります。近年のWebフロントエンドの開発では単体テストやリソースのバンドル[*4]などのツールに、Node.jsが用いられます。Node.jsはJavaScriptが実行できてWebフロントエンド（Webブラウザ）との親和性が高いからです。またWebフロントエンドのパッケージ管理[*5]にnpmを使うことも増えてきているので、Webサーバーでは他の言語を使っていてもNode.jsやnpmのごくごく初歩的な知識は必要になることがあります。Node.jsで動作するWebフロントエンド向けツールとしてはWebpackやBabel（仕様を先取りして実装するJavaScript→JavaScriptのトランスパイラ）、TypeScriptなどが有名です。

もう1つのパッケージマネージャー Yarn

　Node.jsで最も広く利用されているパッケージマネージャーはnpmですが、Facebookが発表したYarn[*6]というパッケージマネージャーも人気があります。Yarnは高速性やセキュリティに注力しています。npmと同じパッケージが利用でき、フロントエンド／Webサーバーどちらの開発にも使えます。開発はオープンに進み、Facebookが専有しているわけではありません。

+1 Deno—新しい安全志向のJavaScript実行環境

　Deno[*7]はNode.jsのオリジナル開発者Ryan Dahlが新たに開発したJavaScriptとTypeScriptの実行環境です。V8とRustの組み合わせで開発されています。現在開発中で、今のところ実用段階ではありません。Dahl氏がNode.js作成後に感じた課題が開発のモチベーションにあり、セキュアさに注力しています。

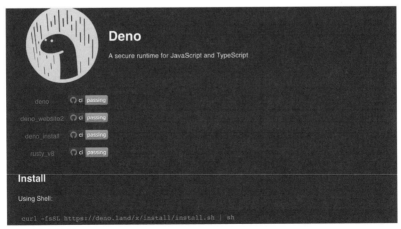

DenoのWebサイト

＊4　モジュール化したJavaScriptのコードの結合。
＊5　ライブラリをバージョンなども含めて総合的に管理すること。
＊6　https://yarnpkg.com/en/
＊7　https://deno.land/

▼ JavaScriptのスーパーセットで大規模アプリの開発向け

タイプスクリプト

TypeScript

容易度	★★★☆☆
将来性	★★★★☆
普及度	★★★☆☆
保守性	★★★★☆
中毒性	★★★☆☆

開発者	分類	影響を受けた言語	影響を与えた言語
Microsoft、Anders Hejlsberg（アンダース・ヘルスバーグ）	静的型付け、プロトタイプベースのオブジェクト指向、トランスパイル	JavaScript、Java、C#	

Webサイト	https://www.typescriptlang.org

言語の特徴 型システムを導入した堅牢なJavaScript+αな言語

TypeScriptはJavaScriptの静的型付け版言語です。JavaScriptにトランスパイル（変換）して使います。JavaScriptのスーパーセット（上位互換）の文法で、既存のJavaScriptのプログラムと共に使えます。型に関する能力が弱いJavaScriptを補完すべく、型を付け加えて大規模開発でも使いやすいよう設計されています。静的型付け言語となったことで開発環境でのコード補完や型の間違いを指摘できます。JavaScriptのライブラリにも後から型定義（d.ts）を追加できます。これがあるとJavaScriptライブラリをTypeScriptで書かれたコードのように扱えます。型定義はCのヘッダファイルと似た仕組みであり、人気のJavaScriptライブラリのためのヘッダファイル（型定義ファイル）も用意されています。Webフロントエンド開発ではJavaScriptについで定番と言える言語で、今後も人気は高いでしょう。

TypeScriptは堅牢な言語

TypeScriptはJavaScriptに変換されて実行される。大規模開発でも安心して使える。

言語の歴史

 活躍するシーン

TypeScriptは2012年10月にバージョン0.8が公開されました。開発元はMicrosoftです。DelphiやC#の開発者、Anders Hejlsbergが開発を担っています。JavaScriptはJavaやC#のような大規模な開発で用いられることが多い型（静的型付け）の能力を持ちません。TypeScriptは、この部分を補うために開発されました。2014年に1.0が公開され、継続的に開発が続く安定したプロダクトと見なされ人気が徐々に高まっていきます。その後徐々に機能強化を続け2016年に2.0、2018年に3.0をリリースしました。

Webフロントエンド　Webアプリケーション
スマートフォンアプリ　デスクトップ

TypeScriptはJavaScriptに変換して実行することから、JavaScriptの用途と同じで、Webフロントエンドの開発＋Node.jsによるサーバーサイドが主なものとなります。近年はWebフロントエンドの開発が複雑化してきているため、Webフロントエンドでも積極的に使われています。Angularなど大部分、あるいはすべてがTypeScriptで書かれたライブラリ・フレームワークの人気も高まっています。

JavaScriptの規格を先取り実装していた

TypeScriptはJavaScriptのスーパーセット（上位互換、基本的にJavaScriptに機能追加しただけ）で、JavaScriptと文法が近い言語です。追加した機能については JavaScript に変換する際にうまく JavaScript から利用できるように変換したり、取り除いたりします。型以外にも、設計段階から、JavaScriptの標準規格 ECMAScript の提案を踏まえて、まだブラウザで実装されていなくても有用な仕様を先取りで実装してきました。

静的型付け言語

静的型付け言語であること、すなわち「型注釈」などの型関連の機能が使えるのが TypeScript の JavaScript との違いです。型推論と呼ばれる機能で型注釈を省略できるため、すべての変数や関数に型を書くような煩雑さがなく、必要なところだけ使えます。型があるとバグを減らせたり、エディタの補完機能が使いやすくなったりすることが期待できます。開発元のMicrosoftだけでなく、Googleなどの他の大企業も開発言語として採用していることが知られています。

開発環境のサポート

MicrosoftのVisual StudioやVisual Studio Codeで手厚くサポートされています。IntelliJ IDEAやEclipseなども対応しています。型の情報が明示的に取得できるため、補完が優れていたり、IDEで表示できる情報が豊富だったりといったメリットがあります。

Column

TypeScriptはただ型の指定が書けるだけでなく、強力な型の機能を備えています。型推論やインターフェイス、列挙型、Mixin、ジェネリック、タプル型、型エイリアスなどがあります。

コード　TypeScript の FizzBuzz

TypeScriptでFizzBuzz問題を解くプログラムです。JavaScriptや同じくaltJS言語のCoffeeScriptのプログラムと比べてみると良いでしょう。

▶ fizzbuzz.ts

```
// FizzBuzzの値を返す関数を定義
// : numberなどが型の注釈。ここでは引数iと関数fizzbuzzの返り値に注釈。
const fizzbuzz = (num: number): string => {
  const isFizz = (i: number) => i % 3 === 0 // 引数iはnumberと注釈。
  const isBuzz = (i: number) => i % 5 === 0 // 引数iはnumberと注釈。
  if (isFizz(num) && isBuzz(num)) return 'FizzBuzz'
  if (isFizz(num)) return 'Fizz'
  if (isBuzz(num)) return 'Buzz'
  return num.toString()
}

// 1から100まで繰り返しfizzbuzz関数を呼び出す
for (let i = 1; i <= 100; i++) {
  console.log(fizzbuzz(i))
}
```

FizzBuzzの値を返す関数をアロー演算子を利用して定義します。FizzやBuzzを返すかどうか判定する関数もアロー演算子で定義しています。また、引数や関数の戻り値に型注釈がある点にも注目しましょう。

for構文を利用して繰り返しfizzbuzz関数を呼び出します。

▼ 短く手軽に記述できるJavaScript代替

コーヒースクリプト

CoffeeScript

容易度	★★★★☆
将来性	★☆☆☆☆
普及度	★★☆☆☆
保守性	★★★☆☆
中毒性	★★★★☆

開発者	分類	影響を受けた言語	影響を与えた言語
Jeremy Ashkenas（ジェレミー・アシュケナス）	動的型付け、プロトタイプベースのオブジェクト指向トランスパイル	JavaScript、Python、Ruby、Haskell	Dart、JavaScript

Webサイト	https://coffeescript.org/

言語の特徴 | JavaScriptの置き換えを狙ったシンプル記述の言語

CoffeeScriptはJavaScriptに変換するトランスパイル言語で、記述を短くできるのが特徴です。JavaScriptの煩雑さを解消できるものとして、登場後大きな注目を集めました。ただ、JavaScript本体がES6以降機能を強化する方向にかじを切ったこと、TypeScriptなどの人気の向上で往時と比べると人気は落ち着いています。

言語の歴史

2009年12月にJeremy Ashkenas[1]はCoffeeScriptをGitHubで公開しました。初期のバージョンはRubyで記述されていましたが、2010年2月にCoffeeScript自体で記述されたCoffeeScriptが登場します。2011年から急激に注目を集め、JavaScriptの使いづらい箇所を改善できていたため、さまざまなプロジェクトで利用されるようになります。2015年にES6が発表されて以降、JavaScript自体に強力な言語機能が追加されていく流れができたため、CoffeeScriptの使用頻度は下降していきます。

活躍するシーン

Webフロントエンド Webアプリケーション

JavaScriptに変換されて実行されるというその性格より、JavaScriptと利用用途は同じです。Webアプリケーション（フロントエンド・サーバー）の開発に利用されています。

コード | CoffeeScript の FizzBuzz

CoffeeScriptでFizzBuzzを記述したものです。JavaScriptのコードと比べて記述量が少なくてすむことを確認できます。RubyやPythonに影響を受けてコードをより短く書くためのスタイルを目指しています。

▶ fizzbuzz.coffee

```coffee
# FizzBuzzの条件に応じた値を返す関数
fizzbuzz = (i) ->
  if i % 3 is 0 and i % 5 is 0 then "FizzBuzz"
  else if i % 3 is 0 then "Fizz"
  else if i % 5 is 0 then "Buzz"
  else i

# 1から100まで繰り返す
console.log fizzbuzz i for i in [1..100]
```

> FizzBuzz関数を定義します。インデント（字下げ）によるブロック表現が印象的です。

> 丸括弧を使わなくても関数を実行できます。加えて、for構文を後ろに置くことが可能です。

---

*1 Backbone.js、Underscore.jsなどの人気ライブラリの作者としても知られます。

▼ JavaScriptの置き換えからモバイルアプリ開発まで幅広く

ダート
Dart

容易度	★★★★☆
将来性	★★★★☆
普及度	★★☆☆☆
保守性	★★★★☆
中毒性	★★☆☆☆

開発者	分類	影響を受けた言語	影響を与えた言語
Google	静的型付け、オブジェクト指向、トランスパイル	JavaScript、Java、Erlang、C#、Haxe、CoffeeScript	

Webサイト	https://dart.dev/

言語の特徴 JavaScript対抗としては普及せず　Flutterのモバイルアプリ開発で一躍人気

　Dartはユーザーインターフェース構築が得意なプログラミング言語です。JavaScriptへのトランスパイルに加え、クロスプラットフォームでモバイルアプリ開発できるフレームワークFlutterで有名です。当初はJavaScriptの置き換えを狙っていましたが、現在はパフォーマンスと生産性を両立したクライアント（アプリやWebなど）向け言語に進化しています。静的型付け、クラスベースのオブジェクト指向言語で、JavaやC#を彷彿とさせる文法です。サーバー向けのDartも提供されており、クライアントとサーバーを分けることなく、同一の言語で開発できることも特徴です。

Dartはモバイル・Webで威力を発揮

DartはスマートフォンだけでなくWebの開発もできる。Flutterという強力なライブラリが有名。

言語の歴史

Dart は 2011 年に Google から公開されたプログラミング言語です。JavaScript の置き換えとして、問題点を解決し、大規模プロジェクトでも使えることを目標に設計されました[1]。Dart は JavaScript の代替としては大きな成功を修めませんでしたが、スマートフォン向けフレームワーク、Flutter の登場と人気で情勢が変わります。Web フロントエンドも、スマートフォンアプリも作れる言語として人気を集め、GitHub の 2019 年の調査によると前年比 500% もの利用数を獲得しています。

活躍するシーン

スマートフォンアプリ　Webフロントエンド
Webアプリケーション（APIサーバー）

クロスプラットフォームのアプリケーションフレームワーク、Flutter によって Android/iOS 双方で高速に動くアプリが開発できます。また、もともと JavaScript の置き換えを狙っていたため JavaScript にトランスパイルして Web フロントエンド開発にも使えます。Web アプリケーション開発も可能で、gRPC（API サーバー）用のライブラリも公開されています。まだ普及の途上ですが、クライアント・サーバー双方に展開できます。

Dart 実行環境（コンパイル・仮想マシン・トランスパイル）

Dart はコンパイル言語であり、仮想マシンで即時実行できるインタプリタ言語であり、JavaScript にトランスパイルできる言語でもあります。どういうことかというと開発時は使いやすい dart インタプリタ（仮想マシン）、実際にデプロイ（利用）するときは高速な dart2native によるコンパイル、JavaScript 用途ならトランスパイルという使い分けができる言語ということです。さらに JavaScript も開発用の dartdevc とデプロイ用の dart2js の 2 つの手法があります。開発スタイルに合わせて複数の実行環境を利用できるのは便利です。

Dart2.0 の方向性

Dart は JavaScript の置き換えを狙っていましたが、2018 年にリリースされた 2.0 以降ではクライアント（モバイルアプリと Web 向け開発）重視の姿勢に変わり、JavaScript の置き換えという目標から転換しています。

Flutter

Flutter[2] はオープンソース、クロスプラットフォームのアプリ開発フレームワークです。Android/iOS のスマートフォン向けアプリを開発できます。Google が開発し、言語に Dart を利用します。複数のプラットフォームで高速なアプリケーションを開発できるということで Dart の人気を押し上げました。

Column

Dart は当初 JavaScript の代替言語として注目を集めましたが、同じ目的で開発された CoffeeScript や TypeScript といった言語との競合などもあり、それほど普及しませんでした。2015 年に Chrome との統合断念、2017 年には Google は社内で TypeScript を社内の標準プログラミング言語として採用したため、Dart の存在意義は薄れたように思われました。しかし、現在では Flutter などモバイルアプリ開発で存在感を増しており、Dart の開発は活発に進んでいます。

コード　Dart の FizzBzz

Dart で FizzBuzz 問題を解くプログラムです。構文としては Java に似ているようにも見受けられます。型推論も備えています。

▶ fizzbuzz.dart

```
// Fizz かどうかを判定する関数
isFizz(int i) { return i % 3 == 0; }
// Buzz かどうかを判定する関数
isBuzz(int i) { return i % 5 == 0; }
// FizzBuzz に応じた値を返す
fizzbuzz(int i) {
  if (isFizz(i) && isBuzz(i)) return "FizzBuzz";
  if (isFizz(i)) return "Fizz";
  if (isBuzz(i)) return "Buzz";
  return i;
}
// 最初に実行する関数
main() {
  // 1 から 100 まで繰り返す
  for (var i = 1; i <= 100; i++) {
    var result = fizzbuzz(i);
    print(result);
  }
}
```

Dart では関数定義するのが手軽です。ここでは、isFizz と isBuzz 関数を定義しています。

FizzBuzz を返す関数を定義し、その値に応じた値を返すようにします。

プログラムは main() 関数から始まります。ここでは、100 回、fizzbuzz 関数を呼び出します。

*1　Google は Dart で開発したプログラムを動かす仮想マシンを、Chrome ブラウザに統合すると発表しましたが、普及が進まず 2015 年に統合を断念しました。
*2　https://flutter.dev/

▼ Webブラウザ用のアセンブリ言語

ウェブアセンブリー

WebAssembly

容易度	★☆☆☆☆
将来性	★★★★☆
普及度	★☆☆☆☆
保守性	★★★☆☆
中毒性	★☆☆☆☆

開発者	分類	影響を受けた言語	影響を与えた言語
W3C、Mozilla、Microsoft、Google、Apple	静的型付け	アセンブリ、JavaScript、asm.js	

Webサイト	: http://webassembly.org/

言語の特徴 様々な言語で書いたコードをWebAssmblyで出力して高速実行できる

　WebAssembly[1]はJavaScript以外で唯一Webブラウザ上で実行できるプログラミング言語です。WebAssemblyは直接書くというよりも他言語からの変換で生成することを前提としています。CやC++、Rustから変換されるケースが知られています。WebAssemblyの登場で、様々な言語で作成したプログラムを、JavaScript以上に高速にWebブラウザ上で動かす土台ができました。ただし、WebAssemblyとJavaScriptは、できることが一対一で対応しているわけではありません。その用途も異なることから、JavaScriptを完全に置き換えるような言語ではなく、JavaScriptを補う言語と言えます。

Webブラウザの新しい言語

これまでWebブラウザではJavaScriptしか動かせなかったが、WebAssemblyの登場でC/C++など様々な言語で書いたプログラムが高速に動く。

＊1 wasmとも。

言語の歴史

WebAssembly 以前、ブラウザで動かせるプログラミング言語は JavaScript だけで、altJS が人気を集めました。2015 年に WebAssembly の仕様が公開され、2017 年 に 主 要 ブ ラ ウ ザ が 実 際 に WebAssembly をサポートしはじめ、様々なプログラミング言語をブラウザで動かせるようになりました。2019 年には W3C 勧告となりました。

活躍するシーン

Web フロントエンドの複雑な処理

WebAssembly だけでは、JavaScript でできるすべての操作が単独でできるわけではありません。Web ページへの書き込み（DOM の更新）など重要な操作が直接には使えず、JavaScript と連携する必要があります。そのため、用途は限られてきます。WebAssembly の特徴は 2 つ。高速性と、JavaScript 以外の言語から実行ファイルを作成できることです。そのため、C や Rust から変換して、サーバーではなく Web ブラウザ側で高速な性能を出したいところに使うのが第一の用途です。Web ブラウザ上でリッチなゲーム、CAD アプリケーション、画像・動画編集ソフトを動かすといった例が考えられるでしょう。

⦿ WebAssembly の出力に対応した言語と動作環境

WebAssembly に対応しているのは、C/C++、Rust、Go、C# などです。これらの言語から WebAssembly のバイナリにコンパイルします。今後も対応言語は増えていくでしょう。Web ブラウザだけでなく、Node.js や GraalVM*2 でも動作します。Microsoft の ASP.NET Core でも試験的に WebAssembly を用いています。

⦿ なぜ WebAssembly が必要なのか？

最近の Web アプリでは、複雑な計算処理を行う場面が多くなっています。統計処理や複雑なアニメーション、ゲームなどは速度が求められています。JavaScript が動的型付け言語としては高速だったとしても限界はあり、これらの用途には向きません。

⦿ WebAssembly が高速な理由

JavaScript は動的型付け言語で、事前にはコンパイルによる最適化はできません。また実際に DOM（HTML）を触れたりと言語仕様上も制約が多く、どうしても動作処理が遅くなります。しかし、WebAssembly は静的型付けで、仕様から高速な動作を前提として調整されているため、速いまま動きます。

Column

WebAssembly を使うと、いくつかのケースで JavaScript で書いたプログラムよりも数倍高速に動かすことができます。特に計算処理が多いプログラムではその傾向が顕著になります。また C/C++ や他の言語で作成した既存ライブラリを Web ブラウザ上で動かす場合にも役立ちます。本書執筆時点では、WebAssembly の使い勝手や関連ツールは手軽に使えるといった段階ではなく、そこまで盛り上がっているわけではありません。しかし、主要ブラウザは既に対応済みです。今後、Web ブラウザ向けのアプリ開発で WebAssembly の人気はじわじわと伸びていくでしょう。

コード｜WebAssembly のコード例（WAT）

WebAssembly を WAT(WebAssembly Text format)形式で表したものです。WAT は WebAssembly をテキストとして表示するときの標準の表示形式です。二つの引数を与えると、それを足し合わせて返すだけの関数 add を定義します。wat は直接書くことを意図したものではないのではないので、実際には何らかの言語から変換する事が多いでしょう。S 式に影響を受けた記法を採用しています。

▶ add.wat
```
;; 引数 $a と $b を加算する関数の定義
(module
  (export "add" (func $add))
  (func $add (param $a i32) (param $b i32) (result i32)
    (return
      (i32.add
        (get_local $a)
        (get_local $b)
      )
    )
  )
)
```

WebAssembly では各ファイルがモジュールとして構成されます。
関数の引数と戻り値を定義します。i32 は 32 ビット整数を意味します。
WebAssembly で 32 ビット整数を足し合わせる命令を呼び出します。
関数を JavaScript から使うために、export 宣言を行います。

これとは別に、JavaScript 側からの呼び出しコードも別途必要です。ただ、ライブラリさえあれば、JavaScript 側から呼び出すだけなので、WebAssembly が普及すれば C/C++ などに詳しくなくても高速化の恩恵をそのまま受けられるかもしれません。

＊2　Java の実行環境である Java 仮想マシン、JVM の 1 つ。

▼ スマートフォンやWebなど幅広く利用されるオブジェクト指向言語

ジャバ
Java

容易度	★★★★☆
将来性	★★★★✩
普及度	★★★★★
保守性	★★★★☆
中毒性	★★★☆☆

開発者	分類	影響を受けた言語	影響を与えた言語
Sun Microsystems、James Arthur Gosling（ジェームズ・アーサー・ゴスリン）、Bill Joy（ビル・ジョイ）、Java Community Process	静的型付け、オブジェクト指向	C、C++、Eiffel、Smalltalk、Objective-C、C#	C#, Scala, Kotlin, D, Dart, Clojure, Groovy, Haxe, PHP, Python, JavaScript, TypeScript, Processing
Webサイト	https://java.com		

| 言語の特徴 | あらゆる分野で利用されるユーザーも多い王道の言語

　Javaはオブジェクト指向の最も代表的な言語です。開発当時としては先進的なオブジェクト指向を取り入れたこと、プラットフォーム非依存を目標とし高性能な仮想マシン上で動くこと、マルチスレッドを言語仕様に含み並行計算が可能であることなどから人気です。現在最も人気のあるプログラミング言語[1]で幅広い用途に使われています。

　当初はWebブラウザでリッチな表現ができるJavaアプレットなどで人気を集め、その後言語のポテンシャルの高さからデスクトップアプリ、Web開発、業務アプリの開発、リッチな組み込み機器や携帯電話などより幅広く開発に利用されるようになりました。現在ではWeb開発（サーバーサイド）、Androidアプリに欠かせない存在として知られます。

どんな場面でも活躍するJava

Javaは実用性が高く、さまざまなシーンで活躍する。Webやスマホ、多くの業務システムで利用されている。

＊1　ここでの最も人気とは、検索エンジンでの検索回数や求人数などから算出したランキングをもとに類推したものです。例えば、執筆時点のTIOBEIndex https://www.tiobe.com/tiobe-index/ 、レバテックキャリアが発表したプログラミング言語別求人ランキングhttps:// career.levtech.jp/guide/knowhow/article/563/ で1位です。

 言語の歴史

　JavaはSun Microsystems[2]でJames Goslingを中心に開発され、1995年に発表されます。仮想マシンの採用など当時としては野心的な設計で、「一度書けばどこでも動く[3]」言語として登場しました。1997年には、JDK[4] 1.1がリリースされます。日本語を含む国際化対応、データベースAPIのJDBC、優れたコンポーネントのJavaBeansの採用など重要なリリースでした。JavaはJavaアプレット機能などを背景に徐々にユーザーを増やしていきます。その後もリリースを重ね、人気も高まっていきました。

　2002年のJ2SE 1.4[5]からはJava Community Processによる、一社独占ではないオープンな開発体制を敷いています。JavaのリリースはJCPにより安定して続いていきます。

　JavaはJCP発足以降、2年〜5年程度で新バージョンを発表するのが通例です。ただ、Javaの開発が長年続き、利用者が多くなるにつれて、言語仕様の変更がどんどん遅くなってしまう、新バージョンがなかなか出てこないという問題が浮き彫りになります。そこで、2018年のJava SE 10以降[6]は半年に1度のリリースにリリースサイクルを切り替えました。Javaはユーザーが多く安定した言語ですが、今後は更に機能追加も活発になっていきそうです。

活躍するシーン

　スマートフォンアプリ　Webアプリケーション　事務処理　バッチ処理

　スマートフォンアプリ（Android）、Webアプリケーションを中心に幅広い分野で使われています。大規模システムでの実績が多く、セキュリティにも配慮されているため、業務システムで好んで利用されます。Apache Hadoopなどのデータ分析ソフトウェアの中にはJavaで記述されたものもあります。他にMinecraft（ゲーム）やBluray DiscもJavaを利用しています。幅広い分野で活躍しています。

🔑 オブジェクト指向

Javaはクラスベースのオブジェクト指向プログラミング言語です。C++やSmalltalkと比べると比較的記述がわかりやすく、後進の多くの言語に影響を与えています。静的型付けとオブジェクト指向の代表的な言語と見なされることもあります。

🔑 JRE(Java Runtime Engine)

Javaのプログラムは、Javaバイトコードにコンパイルされ、JRE（Java実行環境）上で実行されます。そのため、javacというJavaをバイトコードにコンパイルするコマンドと、javaというバイトコードを実行するためのコマンドがあります。

🔑 サーブレット／JSP／Tomcat

WEBサーバー上で動くアプリを作るのに便利なのが、JavaサーブレットとJavaServer Pages（JSP）です。ショッピングサイトやオンラインバンキングなど、多くのWebサイトで利用されています。サーブレットはWEBページを動的に生成できる技術です。サーブレットをHTMLテンプレート上に書けるのがJSPです。これらを動かすのに使われるソフトウェアがApache Tomcat[7]です。

Column

　Javaの特徴はクラスベースのオブジェクト指向を採用した点です。オブジェクト指向に従って整然としたプログラムを作成できるため、大規模システムの開発においても威力を発揮します。有効にオブジェクト指向を扱うには、ただJavaを使うだけではいけません。オブジェクト指向への基本的な理解が求められます。オブジェクト指向で開発を行う際の代表的なパターンを集めた『デザインパターン』なども学んでおきたいところです。業務で開発をする場合には、エンジニアの教養として、Java言語だけでなくオブジェクト指向に精通することが求められることもあります。

コード　JavaのFizzBuzz

JavaのFizzBuzzです。オブジェクト指向を利用して、クラスを定義します。

```
public class FizzBuzz { //    オブジェクト指向を利用して、FizzBuzzクラスを定義します。    ▶ FizzBuzz.java
  private int max;
  public FizzBuzz(int max) { //    クラスを生成した時に実行されるコンストラクタを定義します。
```

＊2　現在はOracleにより買収済。
＊3　Write Once, Run Anywhere
＊4　JDKはJava Development Kitの略称。ここではJava 1.1ないしJava 1と考えてください。
＊5　J2SEはJava 2 Standard Editionの略です。ここではJ2SEはJavaと同義だと考えてください。複雑ですがJ2SE 1.4はJavaのバージョン4と考えてください。
＊6　ややこしいですがJavaはJava SE 6以降、Java SEバージョン番号という表記方法を採用しています。
＊7　https://tomcat.apache.org/

```
      this.max = max;
    }
    public void run() { //           クラス内でのみ有効な変数maxを使って、FizzBuzzゲームを
      for (int i = 1; i <= this.max; i++) {     繰り返し実行します。
        printNum(i);
      }
    }
    public void printNum(int i) { //           数値に応じて処理します。
      if (i % 3 == 0 && i % 5 == 0) {
        System.out.println("FizzBuzz");
      } else if (i % 3 == 0) {
        System.out.println("Fizz");
      } else if (i % 5 == 0) {
        System.out.println("Buzz");
      } else {
        System.out.println(i);
      }
    }
    public static void main(String[] args) { //     プログラムは、mainメソッドを起点として実行されます。
      FizzBuzz obj = new FizzBuzz(100);
      obj.run();
    }
}
```

Androidと Java

　Androidアプリの開発では主にJavaが使われています。もともと、日本ではいわゆるガラケーのアプリ開発においてもJavaの採用率は高いもので、モバイルといえばJavaという風潮は存在しました。ただ、当時のJavaアプリ開発はかなり制約が多いものでした。Androidの登場で、Javaがリッチなスマートフォンアプリ向け言語として認識されます。2020年執筆時点で、Androidのシェアはスマートフォン市場で75%を超えており、圧倒的な数の端末でJavaが動いています[8]。

JVM—Java仮想マシン

　JVMはJava Virtual Machine（Java仮想マシン）の略で、Javaのプログラムを動かすために必要なソフトウェアです。JREがJava実行環境を包括的に言い表すのに対して、JVMはJavaバイトコードとして定義された命令セットを実行するスタック型の仮想マシンのことです。JVMは実行速度に優れていることで知られています。そのため、JVM上で動作するプログラミング言語の開発も進みました。Scala、Groovy、Kotlinなどが代表的です。

フレームワークでWeb開発を加速

　Web開発でもJavaは人気です。JavaにはWeb開発を容易にするために、さまざまなフレームワークが

＊8　https://gs.statcounter.com/os-market-share/mobile/worldwide の調査結果を参考に。

用意されています。フレームワークとは土台を意味する言葉で、Web開発で必要となる様々な仕組みやライブラリを提供します。Spring[9]、Play[10]やJave EE後継のJakarta EE[11]などのフレームワークがあり、Web開発を容易にします[12]。

Java SE/Java EE/JDK の違い

Javaの開発環境をダウンロードしようと思ったときに悩むのが、Javaには、SEとEE、JREとJDKと様々な名前が出てくることです。どう使い分けてどれをダウンロードすればいいのでしょう？

JREは先に述べたようにJavaの実行環境で、Javaをローカルで実行するのに使います。以前はOracleによって単体配布されていましたが、現在はユーザーの用意したJREなしで動作するJavaアプリケーションの配布が推奨されているため、単体では配布されていません。JREはJDKに含まれます。

Java SEはJava Standard Editionの略で、Javaの基本機能をまとめたものです。

Java EEはEnterprise Editionの略で、Java SEを元にしつつ、Webアプリの開発に役立つ拡張機能を追加したものです。現在はJakarta EEという名称に変更されています。

JDKはJava SE Development Kitの略です。Javaのアプリを開発する際には、JDKのインストールが必須となります。OpenJDK、AdoptOpenJDKなど無料のJDKがいくつかあります。

Javaのダウンロードページ - 様々なエディションがある

Javaを開発者として使いたいときはJDKをインストールすればいいとひとまず覚えてください。

＊9　https://spring.io/
＊10 https://www.playframework.com/
＊11 Eclipse Foundationが管理。 https://jakarta.ee/
＊12 他にStruts 1などの人気フレームワークも存在しました。現在はStruts 1は更新が終了しています。

統合開発環境IDE

Javaの開発でなくてはならないものに、統合開発環境（IDE、Integrated Development Environment）があります。プログラムを意味ごとに色分けするシンタックスハイライト機能や、状況に応じたメソッド補完、リファクタリング支援などの高度な機能をサポートしています。有名なものには、Eclipse[13]、NetBeans[14]、JetBrains[15]のIntelliJ IDEA[16]があります。ちなみに、Googleが提供しているAndroidの公式開発ツールAndroid Studioは、IntelliJ IDEAをベースにしたものです。

日本で人気のあるEclipseは、もともとIBMが開発したもので、現在は非営利組織のEclipse Foundationが開発を担っています。Eclipse FoundationはIDE開発以外にもJavaのオープンソース関連の活動を行っています。NetBeansはもともとOracleが開発し、こちらも非営利組織のApache Software Foudationに寄贈しています。

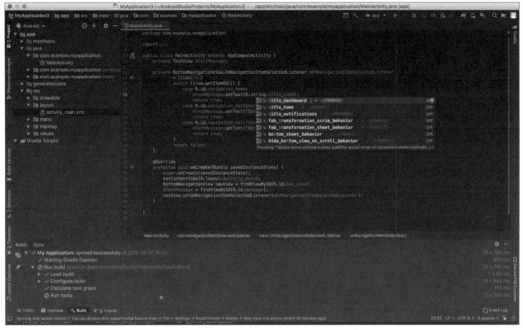

Android StudioでJavaの開発をしているところ

ビルドツール＆パッケージマネージャのMaven／Gradle

Javaのプログラムを開発するのに、ビルドツールを使うのが一般的です。Javaのビルドツールで有名なのが、Apache Maven、Gradle、Antです。Antは比較的古いツールで最近はあまり使われていません。MavenはAntに代わるツールとして作られました。

現在はMavenとGradleが人気を集めています。Mavenは設定をXMLで記述するのに対して、Gradleは

＊13 https://www.eclipse.org/eclipseide/
＊14 https://netbeans.org/
＊15 Kotlinの開発元。
＊16 https://www.jetbrains.com/ja-jp/idea/

カスタマイズが容易なようにGroovyで設定を書けるように工夫されています。

　MavenとGradleはそれぞれパッケージマネージャのようにも働きます。MavenはMavenリポジトリという外部のパッケージリポジトリを指定してビルドに必要なパッケージを取得できます。Gradleも Mavenリポジトリの仕組みを踏襲して、同じようにMavanリポジトリからパッケージを取得できます。 Mavenリポジトリには Googleの提供するもの[17]や、Maven Central[18]があります。

Javaは誰のもの？

　JavaはSun Microsystemsを買収したOracleが開発を牽引し、Javaの商標も取得しており、多くの面でイニシアティブを発揮しています。ただし、Javaの言語仕様策定はOracleが専有するものではないことに注意が必要です。Javaの仕様は、JCP（Java Community Process）という団体が策定しています。JCPは複数の企業や団体によってオープンに議論が行われています。JCPにはOracleだけでなくAmazonや Google、IBMなどの複数の企業や有志の団体が参加しています[19]。Javaは誰かが専有しているわけではないというのも、Javaの人気を支える理由の1つです。

Javaの開発に関わった人たち

　Javaの開発には非常に多くの才能が揃いました。

　言語の基本的な方向性、設計、コンパイラと仮想マシンを考案・作成したGosling氏はJavaの開発者として高名です。Java以外にもプログラミングの世界に多くの功績がありますが、Javaで達成した偉業があまりに大きいため、それ以外の点で話題になることはあまり多くありません。

　Gosling氏と同じく初期のJavaに大きな影響を与えたのが、Sun Microsystemsの初期メンバーの一人でもあるBill Joy（William Nelson Joy）です。Joy氏はJavaの開発を牽引した一人で、Gosling氏のアイデアに影響を与えています。Sun Microsystems時代はJavaの他にNFS[20]、SPARC[21]など重大な開発の多くに携わっています。更にはBSD[22]やvi、シェルのcshの中心的な開発者としても知られています。

　言語の設計者というよりは仕様策定の関係者ですが、Guy Lewis Steele Jr.の名前も取り上げるべきでしょう。Steele氏はJoy氏に招かれてJavaチームで仕様関連の作業に従事しました。Steele氏は言語仕様やその標準に関わることが多い人物です。ECMAScript（JavaScript）、Common Lispの標準化に携わっています。

+1 Vim script—Bill JoyのViから生まれたVim

　Javaの開発者の一人、Bill Joyは多彩なことで有名です。Java以外にも多くの功績があり、Unixの事実上の標準的なテキストエディタのviもその一つです。viの後継エディタであるVimはBram Moolenaarによって開発され世界中で使われています。Vimには設定用の言語であるVim scriptが組み込まれています。この言語は設定用ですが、非同期処理やlambda式など本格的な機能を備えています。Vimユーザーが多いため、広く使われる言語です。

* 17 https://maven.google.com/web/index.html
* 18 https://repo1.maven.org/maven2/
* 19 https://www.jcp.org/en/participation/members
* 20 ネットワークファイルシステム。
* 21 独自開発CPU。
* 22 Unix系OS。

▼ 簡潔に書けて汎用的なAndroidの公式開発言語

コトリン

Kotlin

容易度	★★★★☆
将来性	★★★★★
普及度	★★★☆☆
保守性	★★★☆☆
中毒性	★★★☆☆

開発者	分類	影響を受けた言語	影響を与えた言語
JetBrains	静的型付け、オブジェクト指向、トランスパイル	Java、Groovy、Scala、C#、JavaScript	

Webサイト	https://kotlinlang.org/

言語の特徴 Javaを簡潔・安全にしたような文法でさくさく開発

　KotlinはIDEを販売しているJetBrainsにより開発され、2011年に公開されたJVM言語です。JVM言語とはJavaを高速に動作させる仮想マシン、JVM上で動作するプログラミング言語のことです。Javaよりも簡潔で安全、かつJavaのように汎用的な言語を目指して開発されました。2017年にAndroidの公式言語となり、急速にユーザーを伸ばしています。JVM上で動作し、Javaの資産も利用できます。Javaよりも記述が楽なので、Javaの置き換え言語としての利用も増えています。同じJVM言語のScalaやGroovyの影響も多く受けています。コルーチンという機能を導入し、非同期プログラミングも得意です。

　Android開発言語になってから急速にユーザーを伸ばしており、今後も成長が見込めます。Kotlinはフィンランド近くのロシアの島の名に由来します。

Kotlinは書きやすさで人気

KotlinはAndroidの公式開発言語になり、急速にユーザーを伸ばしている。

114

言語の歴史

Kotlin を開発した JetBrains はこれまで、Java、Ruby、Python などの IDE IntelliJ IDEA シリーズを開発してきました。そのノウハウを活かして開発されたのが Kotlin です。2012 年にオープンソース化された後、2015 年に Square（決済サービス）など大手企業が Kotlin を採用したため、一気に注目を集めました。さらに 2017 年に Android の公式言語となったことで盤石の人気を得ます。2011 年に公開された比較的新しい言語ですが、近年急速にユーザーを増やしています。2018 年には GitHub は Kotlin が最も利用数が成長した言語であると発表しました。2019 年には Android 上で Kotlin ファーストの推進を発表し、Java 以上に Android 上で優先される言語となりました。

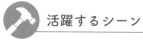 ## 活躍するシーン

スマートフォンアプリ Webアプリケーション

主に Android アプリの開発で使われます。また、Kotlin は Java の置き換え言語として Java と同等の分野でも利用されています。Google の他、Square（アメリカ大手決済企業）、Pinterest、Atlasian などの大企業で利用されていて、若い言語ながら実績が多数あります。

◎ 簡潔に書けて安全な言語仕様

Kotlin は Java の冗長な記述を簡潔に書けるように改良されています。キーワードの短縮化、型注釈による型注釈の部分的な廃止などです。またヌル安全（Null Safety）という、プログラムに意図せぬ null の混入を防ぐ仕組みがあり、Java アプリのクラッシュの原因となる NullPointerException が起きにくくなっています。

◎ Javaと連携

Kotlin のプログラムは JVM で動作するよう Java バイトコードにコンパイルされます。静的型付け言語で、Java と同等の速度で動作します。他の JVM 言語と同じく、Java のライブラリを Kotlin から利用できます。

◎ Android 公式開発言語

Kotlin は 2017 年に Android の公式言語になりました。様々なプログラミング言語が Android アプリ開発対応をうたっていますが、Java 以外では Kotlin だけが公式言語の地位にあります。Android 向けの開発統合開発環境である『Android Studio』では Kotlin と Java のいずれかを選んでプロジェクトを始められるようになっています。

Column

Kotlin は型推論やキーワードなど文法上の工夫で Java よりも簡潔に記述でき、ヌル安全の仕組みなどで Java よりも安全にプログラムを書けます。これらの優れた特徴から大手企業でも積極的に利用されています。Google が Android の開発言語として採用したため、新しい言語でありながら急激にシェアを伸ばしています。Scala や Groovy など先行する JVM 言語のメリットもうまく踏襲しており、JVM 言語では今最も注目されています。

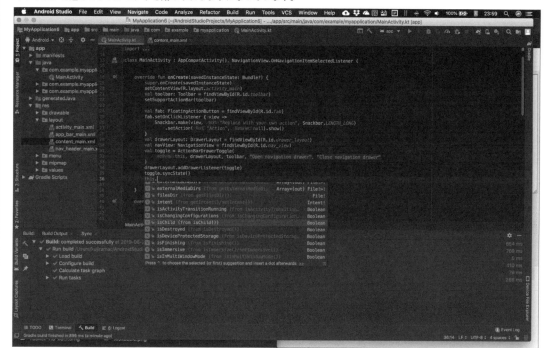

Kotlin で Android の開発を行っているところ

Kotlin で FizzBuzz 問題を解くプログラムです。Java のコードと比べてみると、非常に簡潔に記述できる点が分かるでしょう。

```
// メイン関数の定義 ←──── [ Kotlin では単体で関数を定義できます。main 関数から処理を開始します。 ]          ▶ fizzbuzz.kt
fun main(args: Array<String>) {
  // 1から100まで繰り返す ←──── [ 1から100まで繰り返し fizzbuzz 関数を呼び出します。また、System.
  for (i in 1..100) {                     out など Java の API がそのまま Kotlin でも利用できます。 ]
    var res = fizzbuzz(i)
    System.out.println(res)
  }
}
// FizzBuzzの値を返す関数の定義 ←──── [ FizzBuzz の値を返す関数を定義します。when を使って次々と条件を判
fun fizzbuzz(i: Int): String {              定できます。 ]
  // when構文で順次条件を判定
  return when {
    i % 3 == 0 && i % 5 == 0 -> "FizzBuzz"
    i % 3 == 0 -> "Fizz"
    i % 5 == 0 -> "Buzz"
    else -> i.toString()
  }
}
```

進化を続ける Kotlin

　Kotlin は JVM 言語としてスタートしましたが、現在ではネイティブへのコンパイル（Kotlin for Native）や JavaScript へのトランスパイル機能（Kotlin for JavaScript）も有し、そのユースケースをマルチプラットフォームに広げようとしています。

　開発環境も充実しています。言語提供元の JetBrains は IDE の IntelliJ IDEA などを開発していて、Andoroid Studio はこの IDEA ベースです。これらの IDE の Kotlin サポートは万全です。さらに JetBrains は Eclipse 向けの Kotlin 拡張機能も作成しています。

　人気 Java フレームワークの Spring が Kotlin に対応したり、Kotlin 製のライブラリ・フレームワークが増えたりと、Kotlin のエコシステムは確実に人気を集め始めています。

➕1 Xtend—Java をより使いやすくするというモチベーション

　Java ベースのプログラミング言語として興味深いのが Xtend[1] です。Xtend はソースコードから Java のソースコードを生成するトランスパイラ言語で、広義の JVM 言語と言えるでしょう。Java をより使いやすい言語にするというのがモチベーションで、Java をベースに、よりモダンにした文法を持ちます。

　Xtend は Eclipse（IDE）を開発している Eclipse Foundation が開発しており、立ち位置は JetBrains の Kotlin を彷彿とさせます。

　Kotlin、Groovy、Scala と比較するとユーザー数は圧倒的に少なく、今後の発展の方向性も不透明ではありますが、興味がある人は触ってみると面白いでしょう。

---

*1 https://www.eclipse.org/xtend/

▼ オブジェクト指向と関数型言語の特徴を持つJVM言語

スカラ
Scala

容易度	★★★☆☆
将来性	★★★★☆
普及度	★★☆☆☆
保守性	★★★★☆
中毒性	★★★☆☆

開発者	分類	影響を受けた言語	影響を与えた言語
Martin Odersky（マーティン・オダースキー）LAMP（スイス工科大学ローザンヌ校プログラミング理論研究室LAMP）	静的型付け、マルチパラダイム、オブジェクト指向、関数型	Java、Haskell、Standard ML、OCaml、Smalltalk、Erlang	Kotlin
Webサイト ： http:s//www.scala-lang.org/			

> **言語の特徴** | 関数型の影響を受けた先進的な言語機能

　Scalaはオブジェクト指向言語と関数型言語の特徴をあわせ持ったマルチパラダイムプログラミング言語です。Javaを高速に動作させるJVM上で動く、JVM言語です。Javaの膨大な資産を活用できます。関数型の特徴を持つ言語の中でも特に人気のあるものの1つで、Twitterなどの企業での大規模な採用事例があります。関数型プログラミング言語が持つ便利な機能を数多く備えています。

実用性重視のオブジェクト指向×関数型言語

Scalaは実用性を重視したJVM言語の1つ。Scalaはイタリア語で「階段」を意味する。Scalaのロゴも階段を模しておりEPFLにある階段をモチーフにデザインされたもの。

言語の歴史

Scalaは2001年にスイス連邦工科大学ローザンヌ校（EPFL）のMartin Oderskyによって設計されました。アカデミックな領域でスタートした言語です。2004年に公開され、じわじわと人気を集めていきます。バージョン2が2006年にリリースされて以降長く維持されています。2009年にはTwitterが大々的にScalaを採用します。他にも、LinkedInやスイス銀行、ニコニコ生放送など多くのWebサービスでScalaが採用されて人気を維持しています。現在はScala 3（dotty）を開発中です。

 活躍するシーン

`Webアプリケーション` `分散処理` `ビッグデータ`

Scalaは JVM上で動作します。Javaの資産を有効活用しつつ、高速に動作させられる言語です。おおよそ Javaと同様の用途で活躍します。関数型など機能の強力さに加え、Javaをより簡潔に記述できるようにした側面もあるため、一部では置き換えにも用いられます。Webサービスの開発、業務アプリの開発など様々な分野でScalaが広く利用されています。Webサービスでは Playフレームワークが有名です。分散処理フレームワーク Akkaや、ビッグデータ向けの Apache Sparkなど複雑な処理を要する領域でも活躍しています。

⦿ オブジェクト指向×関数型言語＋α

Scalaの特徴はオブジェクト指向言語として高い完成度を持ちつつ、関数型言語をうまく取り込んだことにあります。関数型言語に慣れていない人でも、Javaなどのオブジェクト指向言語の経験さえあれば比較的容易に習得できます[1]。関数型言語の強力さを少しずつでも活かせるつくりになっています。Javaとシームレスに運用できるようになっていて、Javaのライブラリなどの資産を活用できます。

⦿ 関数型プログラミング

関数型プログラミングは、式（関数）の実行と、その実行結果の値を重視するプログラミングの方式です。オブジェクト指向と対立する概念ではありません。
関数を組み合わせることを中心にプログラムをつくるため、プログラミング言語自体が関数が取り扱いやすい文法であることが非常に重要です。例えば、関数を関数の引数／返り値にできる、関数を変数に代入できるといった特徴は望ましいでしょう。

⦿ Scalaの型システム

Scalaが影響を受けたのは HaskellやOCamlなどの静的型付けで型関連の機能が充実した関数型プログラミング言語です。これらに負けず劣らず、Scalaも優れた型関連の機能を備えています。型の注釈を省略できる型推論はメリットもわかりやすく広く知られています。Javaも静的型付け言語ではありますが、Scalaほど型関連の機能が強力というわけではありません。

Column

Scalaが人気なのは、JVM言語である点も大きな影響力を持ちます。多くの Javaのライブラリをそのまま Scalaから呼び出せます。また、Javaのプログラムは、冗長になりがちですが、Scalaはその反省を活かした文法、型推論や関数型言語の使いやすい機能などで比較的簡潔に記述できます。型関連の機能も Javaより強力です。

Scalaの弱点として広く知られるのがコンパイル速度の遅さです。Scalaも改善を進めていますが、現状はまだ課題が残ります。近年は Kotlinの台頭で、Javaの次世代言語として人気を二分しています。

コード Scalaの FizzBuzz

Scalaで、FizzBuzz問題を解くプログラムです。Javaのプログラムと比べると、非常にスッキリしています。また、関数型言語といっても Javaの延長線上にあるような書き方ができます。ここでは比較的型注釈を省略しないで書いています。

▶ fizzbuzz.scala

```scala
// FizzBuzzオブジェクトの定義        Scalaのプログラムでは、Javaと同じようにオブジェクトを定義します。
object FizzBuzz {
  // mainメソッドの定義             for構文を使って100回fizzbuzzメソッドを呼び出します。
  def main(args: Array[String]) = {
    for (i <- 1 to 100) {
      println(fizzbuzz(i))
    }
  }
  // FizzBuzzの値を返すメソッドの定義    FizzBuzzの値を返すメソッドを定義します。最初にFizzとBuzzの条件
  def fizzbuzz(i: Int): String = {   を調べておいて、その後、if構文を用いて順に判定します。ここで、
    var isfizz = (i % 3 == 0)        Boolean型の変数isfizzとisbuzzを利用していますが、型推論の機能が
    var isbuzz = (i % 5 == 0)        利用できるので型定義を省略できます。
    if (isfizz && isbuzz) {
```

＊1 Scalaは2つのパラダイムを併せ持つことから難しい言語のように思われることも多いですが、記述の簡潔さやキーワードのわかりやすさなど書きやすさへの配慮もあります。

```
        "FizzBuzz"
      } else if (isfizz) {
        "Fizz"
      } else if (isbuzz) {
        "Buzz"
      } else {
        i.toString
      }
    }
  }
}
```

コード 関数型を活かしてFizzBuzz

Scalaの関数型的な特徴を活かしてFizzBuzz問題を解いてみましょう。無名関数やパターンマッチを活かしたプログラムです。Scalaはオブジェクト指向的にも、関数型的にもプログラムを書けます。

```
object FizzBuzz {                                              ▶ fizzbuzz2.scala
    def main(args: Array[String]) = {
        // FizzBuzzの値を得る
        var fizzbuzz = (i: Int) => (i % 3, i % 5) match {
            case (0, 0) => "FizzBuzz"
            case (0, _) => "Fizz"
            case (_, 0) => "Buzz"
            case _      => i.toString
        }
        // 1から100までの値にfizzbuzz関数を適用
        (1 to 100).map(fizzbuzz).foreach(println)
    }
}
```

> ここでは、FizzBuzzの値を得る関数を無名関数を用いて定義し、変数fizzbuzzに代入します。FizzBuzzの判定にパターンマッチを利用します。

> ここでは、1から100までの要素に対してmapメソッドを用いてfizzbuzzメソッドを順に実行します。さらに、それらの結果に対してforeachメソッドを用いてprintlnを実行します。

+1 Scala.js—ScalaのパワーをJavaScriptに

ScalaをJavaScriptに変換するScala.jsというプロジェクトが存在します。Scalaは型関連の優れた機能を数多く有するため、JavaScriptの動的型付けの弱点を克服できます。TypeScriptほどではないものの一定の支持があります。2020年2月にバージョン1.0.0が公開され、プログラミング言語として安定してきました。

ビルドツールsbt

sbt[2]はScala向けのビルドツールです。柔軟なビルド内容定義やコンパイルをより効率的にする機能を備えていて、Scalaで本格的な開発をするときは欠かせません。

＊2 https://www.scala-sbt.org/

▼ JVM上で動作するスクリプト言語

グルービー

Groovy

容易度	★★★★☆	
将来性	★★★☆☆	
普及度	★★★☆☆	
保守性	★★★☆☆	
中毒性	★★★★☆	

開発者	分類	影響を受けた言語	影響を与えた言語
James Strachan（ジェームズ・ストラカン）、Guillaume Laforge（ギルー・ラフォージ）、Apache Software Foundation	動的型付け、オブジェクト指向	Java、Ruby、Python、Smalltalk、Objective-C	Kotlin
Webサイト ： http://groovy-lang.org/			

言語の特徴 | JVM上で動作　Javaを補うようにも使える

　Groovy は JVM(Java 仮想マシン)上で動作するスクリプト言語です。Java ベースながら、動的型付けのスクリプト言語らしく、大幅に簡易な記述が可能となっています。変数の型宣言が不要、メソッド呼び出しの括弧省略可、文字列中に任意の Groovy プログラムを埋め込める点などに表れています。Groovy は Java との相互連携を前提に開発されており、Java のクラスファイルを Groovy で記述することもできます。

Groovy は動的型付けの Java ファミリー

静的に型付けがしっかりしている Java とは対照的。Groovy なら、よりラフに開発できる。JVM で動くプログラムが作れる。

言語の歴史

Groovyは2003年にJames Strachanらを中心に開発が始まり、Guillaume Laforge が開発リードとして引き継ぎます。2007年に1.0がリリースされました。JCPに働きかけ、Javaコミュニティと連動して仕様が策定されました[1]。その後、Pivotalがスポンサー企業として開発者を雇用していましたが2015年に手放し、Apache Software Foundation の管理に移行しました。開発は活発に続いており、2018年にはバージョン2.5がリリースされ、AST変換の改善、マクロのサポートなどが追加されました。現在はバージョン3の開発も進んでいます。

Javaの持つ膨大なライブラリ資産が使える

JVM言語の例にもれず、Groovy も、Javaの膨大なライブラリ資産を利用できます。Groovyで作ったライブラリをJavaから使うこともできます。Groovy は特にJavaとの親和性を気遣っている言語でもあります。

Java プログラマーなら覚える手間が少ない

新たなプログラミング言語を覚える場合、その言語の独自の文化に精通する必要があります。しかし、Groovy はJavaを知っているとかなり習得しやすい言語です。なぜかというと、Javaのプログラムをそのまま動かすこともできるなどかなり高い互換性があるからです。Java プログラマーがスクリプト言語を使いたい場面でも役立ちます。IDE対応も豊富で、Javaプログラマーならそのまま使えるでしょう。

活躍するシーン

`スクリプト` `Webアプリケーション`

Groovy はより気軽に Java を使いたい場面で利用されます。例えば、ちょっとしたデータの整形を行ったり、バッチ処理を実行したりといった Java で行うにはやや面倒な処理に向いています。また、Groovy の実行にはビルド処理が不要（ビルドも可）なので、Javaアプリの中で、頻繁に書き換えが行われる部分だけを Groovy にするということもできます。ビルドツールのGradle[2]や、Ruby on Railsに影響を受けたGrails[3]が有名です。

静的型付け風にも使える

Groovy は動的型付け言語ですが、Groovy 2.0以降、後付けで静的型付け言語のような振る舞い（型に間違いないか確認する型チェックなど）をすることも可能です。

Column

Groovyの特徴は手軽さと、Javaとの共生です。JVM言語には他にKotlinやScalaがあります。これらは、静的型付け言語で、Javaの完全な置き換えを見据えています。対して、GroovyはJavaと共に使うことを強く想定しています。異なるところを目指した言語です。

手軽に書けるJVM言語としては近年Kotlinの人気が増しており、そういったところでは競合しています。

コード　Groovy の FizzBuzz

Groovy でFizzBuzz問題を解くプログラムを2パターン示したものです。他のJVM言語や、Javaそのものと比較してみると良いでしょう。

▶ fizzbuzz.groovy

```
// FizzBuzz 関数の定義                    ← FizzBuzz関数を定義します。
def fizzbuzz(i) {
  // Fizz と Buzz を判定するクロージャを定義   ← Fizz と Buzz を判定するクロージャを定義します。
  Closure isFizz = { it % 3 == 0 }
  Closure isBuzz = { it % 5 == 0 }
  // 順次判定する                         ← クロージャを利用して順次条件を判定します。
  if (isFizz(i) && isBuzz(i)) {
    return "FizzBuzz"
  } else if (isFizz(i)) {
    return "Fizz"
  } else if (isBuzz(i)) {
    return "Buzz"
  } else {
    return i
  }
}

// 100回、fizzbuzz 関数を呼び出す          ← 100回 fizzbuzz 関数を呼び出します。
for (i in 1..100) {
  println fizzbuzz(i)
}
```

[1] https://jcp.org/en/jsr/detail?id=241
[2] https://gradle.org/
[3] https://grails.org/

▼ デジタルアートとデザインのためのビジュアル表現言語

プロセッシング

Processing

容易度	★★★★☆
将来性	★★☆☆☆
普及度	★★☆☆☆
保守性	★★☆☆☆
中毒性	★★☆☆☆

開発者	分類	影響を受けた言語	影響を与えた言語
Caesy Reas（ケイシー・リース）、Benjamin Fry（ベンジャミン・フライ）	静的型付け、オブジェクト指向	Java、Design by Numbers	

Webサイト	https://www.processing.org/

言語の特徴 インタラクティブなビジュアルデザインが手軽に作れるのが嬉しい

　Processingはデジタルアートのためのプログラミング言語・環境です。少ないコードでビジュアルを表現できます。視覚的なフィードバックを優先し、Javaの影響を受けつつ簡素な文法が特色です。エディタ中心の簡単な開発環境が添付されており、作ってすぐ動かせます。初心者がプログラミングを学習するのにも適しています。

言語の歴史

　Processingは、当時MITメディアラボのCaesy ReasとBen Fryが2001年に開発を開始します。2008年にはProcessingのバージョン1がリリースされました。Processingは人気を集め、2012年に2人はProcessing Foundationを立ち上げます。2013年には2.0、2015年には3.0がリリースされています。p5.js[*1]という関連プロジェクトも人気です。

活躍するシーン

アート／デザイン　教育

　主にデジタルアートのために利用されます。図形を描いたり、オブジェクトを動かしたりとビジュアル表現の入門に適しています。簡易な開発環境を利用することで、プログラムを書いてすぐに実行できます。平易な文法と成果が目に見えてわかりやすいことから教育分野でも人気です。

◎ インタラクティブなビジュアルデザインの言語

Processingは最初からデザインに特化しているため、画像の入出力や変形、図形やシェイプに関する命令が豊富に用意されています。また、インタラクティブな要素として、マウスやキーボードからの入力も手軽に操作できます。

◎ 簡易な文法

プログラマーでなくても操作できるよう言語仕様も小さく単純なものとなっています。プログラミング言語初心者でも、覚えてすぐに使えるよう工夫されています。

Column

　Processingを利用すると、非常に簡単にインタラクティブなビジュアルデザインを記述できます。一般的なプログラミング言語でアニメーション処理を記述する場合、繰り返し描画処理を行うコードを記述するなど考慮が多岐にわたりますが、Processingでは最初から画面の描画処理だけに集中できる仕組みとなっています。

＊1　https://p5js.org/

コード　コードで円を描く

Processingで図形を描画するプログラムです。わずか数行で図形が描画できます。紙面の都合上表現できませんが、インタラクティブなコードもかんたんに記述可能です[2]。Javaをシンプルにしたような文法です。

▶ image.pde

```
// 初期設定

void setup(){
  background(255,255,255); // 背景の色
  size(640, 640); // キャンバスサイズ
  noStroke();
}

//
void draw(){
  //
  for (int i =0; i < 50; i++){
    fill(random(100,255),random(240,255),random(100,255),200);
    float cSize = random(0, width/2);
    ellipse(random(width), random(height), cSize, cSize); // 円の描画
  }
  noLoop(); //
}
```

> プログラムの最初にsetup関数が呼び出されます。プログラムの初期化処理をこの部分に記述します。

> 自動的にdraw関数が呼び出されます。指定しない限り繰り返され続けます。アニメーションは複数の画像で構成されますが、draw関数には描画の一コマを記述します。

> 10回描画するためにforループを用いています。

> ループしないための設定を記述しています。これを取り除くと、描画され続けます。

サンプルプログラムをProcessingで実行したところ - マウスの動きに応じて画面が変化します

Processingはビジュアルのための言語

Processingはアートとデザインのためのプログラミング言語。
ビジュアル表現に特化。画像は数行のコードで出力したProcessingによる図。

---

[2]　Distance2D ¥ Examples ¥ Processing.org https://processing.org/examples/distance2d.html など参照。

▼ Apple による iOS/macOS 向けプログラミング言語

スイフト

Swift

容易度	★★★★☆
将来性	★★★★☆
普及度	★★★☆☆
保守性	★★★☆☆
中毒性	★★★★☆

開発者	分類	影響を受けた言語	影響を与えた言語
Apple	静的型付け、オブジェクト指向	Rust、Haskell、Ruby、Objective-C、Python、C、C#	

Webサイト	: https://swift.org/

言語の特徴 | iOS/macOS 開発の本命　幅広く人気を集める

　Swift は Apple が 2014 年の開発者会議で発表した比較的新しいプログラミング言語です。Objective-C の次世代の言語として、iOS/macOS 向けアプリケーションの開発に主に用いられます。英語の Swift は「速い」を意味する語で、高速なアプリを素早く開発できることを強調しています。Swift のコンパイラは、LLVM のフロントエンドで、コードの最適化が行いやすくなっています。

　Swift が発表された際は、「モダン、安全、高速、インタラクティブ」として取り上げられました。モダンな言語に備わっている機能の内有用なものの多くを備えています。クロージャやタプル、ジェネリックプログラミングが可能です。

Swift は iOS/macOS 向けのモダンな言語

Swift は高速性やプログラムの安全性を重視した現代的な言語。学習用に iPad アプリ Swift Playgrounds もある。

言語の歴史

Swift は 2010 年から Apple 社内で開発が行われ、2014 年の WWDC(Apple の開発者会議)で一般発表、2015 年にオープンソース化されます。活発な開発が続き、大きめのアップデートは 3 月、9 月の年 2 回行われることが多いです[*1]。

Swift はオープンソース

Swift はオープンソース (Apache 2.0 ライセンス)のプロジェクトであり、GitHub でソースコードを確認できます。Apple は秘密主義と思っている人もいるかもしれませんが、これまでにも、様々なプロジェクトをオープンソースで提供しています。そのおかげで、Swift は徐々にですが利用用途が広がっています。

Xcode

Xcode は Apple が提供する、macOS 向けの IDE です。macOS/iOS 向けのアプリケーションを Swift や Objective-C で開発するのに用います。Interface Builder という UI 調整ツールなどを内蔵し、IDE としての機能は大抵押さえています。Xcode 自体は無料で利用できるため、macOS でプログラミングを始める人からは一定の支持を得ています。

活躍するシーン

`スマートフォンアプリ` `デスクトップアプリ`

Swift は主に Apple の iOS や macOS、関連する watchOS や tvOS で動くアプリを開発するのに利用されます。iOS で動作するアプリを作るには、ほとんどのケースで Swift か Objective-C を使うことになります。Swift のこれら以外の分野での適用、例えばシステムプログラミングやサーバーサイドなどでの活用も検討されていますが、現状そこまで得意ではありません。

iOS アプリの開発は Swift に移行しつつある

Swift の登場以前、iOS (iPhonre や iPad) や macOS のアプリの開発は実質的には Objective-C 一択でした。ただし、Objective-C はあまり書きやすいとはいえない言語です。そこで、動作速度も速く、より書きやすい Swift が登場してからは、iOS アプリの開発を Swift で行うことが増えています。新規のプロジェクトだけでなく、追加機能だけ Swift を使うこともあります。Objective-C と Swift のコードは共存させられるので、無理なく移行できます。

Column

Swift は LLVM を基盤とすることにより、作成したアプリを高速に動作させられました。Swift が直接独自のバイナリコードを生成するのではなく、LLVM のための中間コードを生成し、それを LLVM が最適化することで高い性能を発揮します。他に LLVM を使う処理系には Rust や C/C++ (Clang)、Objective-C が知られています。いずれも高速です。
LLVM に対し、Apple は多大な投資を行っていることで知られます。

コード | Swift の FizzBuzz

Swift で FizzBuzz 問題を解くプログラムです。最近登場したプログラミング言語らしく、型推論が使えて型注釈をかなり省略してプログラミングできます。長年使われてきた Objective-C と比べてみると面白いでしょう。

▶ fizzbuzz.swift

```
// FizzBuzzの値を返す関数 ●──── 最初にFizzBuzzの値を返す関数を定義します。
func fizzbuzz(i:Int) -> String {
  if i % 3 == 0 && i % 5 == 0 { return "FizzBuzz" }
  if i % 3 == 0 { return "Fizz" }
  if i % 5 == 0 { return "Buzz" }
  return String(i)
}

// 1から100まで繰り返し関数を呼ぶ ●──── 1から100まで繰り返しfizzbuzz関数を呼び出します。
for num in 1...100 {
  print(fizzbuzz(i:num)) // ●──── fizzbuzz関数を呼び結果を表示します。
}
```

[*1] Xcode などの Apple 製品と同じタイミングです。

Xcode で Swift の開発

　Swift は macOS 上で開発を行うことが多いでしょう。macOS 上で無料で提供されている Xcode を利用すれば、コード補完などの便利な機能を利用して Swfit の開発ができます。

Xcode で Swfit の開発をしているところ

Swift の変数

　Swift の変数宣言[*2]は、型推論の機能があるので、型注釈はいりません。一見すると動的言語のように見えます。

```
var a = 30   // ← Int型の変数を宣言
var b = 3.14 // ←Double型の変数を宣言
```

　しかし、Swfit は型に厳格な言語です。異なる型の変数に代入するとエラーになります。そのため、Double 型の変数に整数型の値を代入する場合には、Double 型に変換して代入する必要があります。型推論のある言語はおおよそ同じような特徴があります。

```
var a:Int = 10
var b:Double = 3.14
b = a              // ← エラーになる
b = Double(a)      // ← Double に変換すればOK
```

Swift が重視するポイント

　Swift が言語として重視するのは安全性、速度、デザインパターンの3つです。Swift は後発言語だけあり、Objective-C など今までのプログラミング言語をよく研究して開発されています。

＊2　Swfit では変数を宣言するのに「var」と「let」の二つの方法があります。var は通常の変数の宣言で、let で宣言する変数は定数となり、後から値を変更できません。

デフォルトでメモリ安全（メモリ破壊を招かない）、型安全（型のエラーを招かない）の仕組みを言語に組み込んでいます。ARC（Automatic Reference Counting）というメモリ管理の仕組みも持っています。

速度についても先述のようにLLVMの採用などで高い水準を保っています。

デザインパターンとはここでは設計を意味していますが、Swiftは過去の言語に学び、親しんだ人の多いオブジェクト指向を下敷きにしながら、なるべく書きやすい言語仕様を保っています。

Swift は Windows で使えない？

残念ながらSwiftはWindowsには対応していません。Windowsから使おうと思うとWSLなどのLinux環境を再現するツールが必要になってきます。近年のプログラミング言語は幅広いOSをサポートすることが多いですが、macOS/iOS向けを前提とするSwiftは例外的です。

さらに、iOSアプリを開発・公開するにはmacOSが必須です。iOSアプリをSwiftで開発したければmacOSは必須です。SwiftはmacOSを持っている人が始めるには手軽な言語ですが、それ以外の人にはなかなか親しみにくいところがあります。

iPad で Swift が学べる

iPad、macOS向けアプリのSwift Playgroundsはアプリ内でSwiftを書いて実行できます。Swiftを学ぶためのコンテンツがアプリ内に数多く揃っています。簡単なプログラムを作成し、記述したコードの結果を即時確認できます。実行結果も無機質な出力ではなく、キャラクターを動かせるものになっているなど見てわかりやすく楽しめるものが収録されています。そうしたインタラクティブな体験を通して、Swiftを学ぶことができます。作成したプログラムを公開したり、作品を共有することもできるようになっています。手軽さと楽しさからプログラミング学習の分野で注目されています。XCodeにも出力できます。

iPadでSwiftを学べる

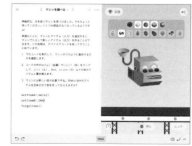

▼ macOS/iPhoneアプリ開発で活躍したCの亜種

オブジェクティブ・シー
Objective-C

容易度	★★☆☆☆
将来性	★☆☆☆☆
普及度	★★★☆☆
保守性	★★★☆☆
中毒性	★★★☆☆

開発者	分類	影響を受けた言語	影響を与えた言語
Brad Cox（ブラッド・コックス）、Tom Love（トム・ラブ）、Apple	静的型付け、オブジェクト指向、手続き型	Smalltalk、C	Java、Swift、Groovy

Webサイト	:

言語の特徴 | Cにオブジェクト指向を足したiOS/macOS向け言語

　Objective-Cは、Cをベースにしつつ、Smalltalkのようなオブジェクト指向機能を持たせた言語です。iPhoneやiPadのOS『iOS（iPadOS）』や『macOS』などのアプリ開発を行うのに利用されます。Objective-CはSwiftと並ぶmacOS/iOSの公式開発言語の一つです。C言語にオブジェクト指向を持たせた言語にはC++がありますが、それとは方向性が異なります。幅広いプラットフォームで使われるC++と比べると、macOSやiOS向けの活躍が中心です。長年、macOSで使われてきましたが、今後はSwfitに置き換わっていく可能性が高いでしょう。

Objective-CはAppleで活躍
Objective-CはiPhone/iPadなどiOSやmacOSのアプリ開発に使われている。

 ## 言語の歴史

1980年代前半、Brad Cox と Tom Love は Objective-C を開発しました。同時期、1985年、Apple をやめた Steve Jobs が NeXT という新しい OS／ワークステーション開発会社を立ち上げます。NeXT は Objective-C に注目し、OS やその上で動くアプリケーションの開発に全面的に取り入れました。1988年に NeXT に Objective-C がライセンスされ、1995年に NeXT は Objective-C に関する全権利を買い取り、NeXT が Objective-C の開発を主導します。その後、1997年には Apple が NeXT を買収したことで、Apple 製品のための中核的な言語に据えられるようになります。2001年に Mac OS X のコア言語として採用され、その後 iOS の開発でも使われるようになりました。長年 macOS に欠かせない言語でしたが、近年は Swift の台頭とともに利用が減っています。

 ## 活躍するシーン

デスクトップアプリ スマートフォンアプリ

iPhone/iPad などの iOS や macOS のアプリを開発するのに利用されます。現在、Apple は新言語の Swfit にも注力しており、Objective-C と Swift のプログラムは共存できるようになっています。

C++ と Objective-C の違い

C++ も C にオブジェクト指向言語を追加した言語ですが、方向性はだいぶ違います。Objective-C は C 言語にマクロ的な拡張でオブジェクト指向を取り入れたものです。コードを見ればわかりますが、文法的にも隔たりがあります。他にも Objective-C は ARC と呼ばれるメモリ管理を言語レベルで導入でき、C/C++ とはメモリ管理に関する戦略なども異なります。

NeXTSTEP

Objective-C を全面的に用いて開発された OS が、NeXT による NeXTSTEP です。この OS は商業的には成功しませんでしたが、その革新的なユーザーインターフェイスは、後に登場したソフトウェアや OS に大きな影響を与えました。また、macOS や iOS（特に macOS）は技術的に NeXTSTEP の影響を強く受けています。現在の Apple 製品の先祖とも言える存在です。

Cocoa

Cocoa は macOS 向けのアプリケーション開発フレームワークです。デスクトップ向けの GUI 開発を効率化します。macOS でデスクトップアプリといえば、Cocoa と Objective-C の組み合わせがかつては定番で、使いやすさから人気でした。Cocoa も NeXTSTEP の影響を強く受けたものです。

Column

Objective-C のオブジェクト指向は、C++ や Java と異なり、メソッドの定義と呼び出しが独特です。そのため、Objective-C 初学者は驚くことになります。Objective-C に特有の部分は、『@...』や『[...]』のように記述することになっているので、C の経験さえあればある程度は分かりやすいと言えます。また、静的型付け言語なのですが、オブジェクトシステムは動的に解釈されるため、柔軟性が高いのが特徴です。

例えば、メソッドの呼び出しの書式は以下のようになります。

```
[(オブジェクト)(メソッド名): (引数)]
```

コード Objective-C の FizzBuzz

Objective-C で FizzBuzz 問題を解くプログラムです。Objective-C 特有の部分に @ や [...] のような記号がついています。Swift とは文法的にはほとんど繋がりがありません。また C や C++ ともだいぶ雰囲気が違う文法を採用しています。

▶ fizzbuzz.m
```
#import <Foundation/Foundation.h>
// クラスの宣言 ←――――――――[クラスの宣言を行います。]
@interface FizzBuzz : NSObject {
    int max; // インスタンス変数の宣言
}
// インスタンスメソッドを宣言 ←――――[クラスのインスタンスメソッドを宣言します。]
- (void)run;
- (char*)getValue:(int)n;
- (void)setMax:(int)v;
@end
// FizzBuzz クラスの実装 ←――――――[@implementation 以下でクラスの実装部分を記述します。]
@implementation FizzBuzz
- (void)setMax:(int)v { max = v; } // 最大値を設定
// FizzBuzz の値を繰り返し表示 ←――――[FizzBuzz の値を繰り返し表示する run メソッドを記述します。]
```

```objc
- (void)run
{
    for (int i = 1; i <= max; i++) {
        printf("%s\n", [self getValue:i]);
    }
}
// FizzBuzzの値の条件を判定し順に取得する
- (char*)getValue:(int)n {
    static char buf[256];
    if (n % 3 == 0 && n % 5 == 0) return "FizzBuzz";
    if (n % 3 == 0) return "Fizz";
    if (n % 5 == 0) return "Buzz";
    sprintf(buf, "%d", n);
    return buf;
}
@end
// メイン関数
int main(int argc, const char * argv[]) {
    @autoreleasepool {
        id fb = [FizzBuzz new];
        [fb setMax:100];
        [fb run];
    }
    return 0;
}
```

> FizzBuzzの値の条件を判定し順に取得します。

> メイン関数を記述します。ここでは、FizzBuzzクラスをインスタンス化し、最大値に100を設定し、runメソッドを実行します。

Objective-C と Smalltalk

　Objective-Cの独特なオブジェクト指向はSmalltalkからの影響が多いものです。Smalltalkはメッセージ中心のオブジェクト指向言語で、オブジェクト指向とはいってもC++やJava（Simulaの影響下の言語）とはだいぶ雰囲気が違います。

+1　Simula—C++とJavaの先祖？

　SimulaはALGOLに影響を受けた、現在主流のオブジェクト指向プログラミング言語の先祖ともいえる言語です。1960年代に作成されました。

　ノルウェー発の言語で、利用者はそこまで多くないものの、C以前の言語としては最も現代のプログラミング言語への影響が大きいものかもしれません。C++のBjarne Stroustrup、JavaのJames Goslingといった主要言語の開発者に多大な影響を与えているからです。特にC++は、SimulaとCのいいとこどりを目指したプログラミング言語ということで、かなりの影響を受けています。

　現在にまで至る、ソフトウェア開発でオブジェクト指向プログラミング言語がスタンダードとなった過程のまさに原始にある言語ともいえるでしょう。かなり古い言語で、現在はほとんど使われてはいません。

▼ Windowsの定番言語　UnityやXamarinで人気がさらに加速

シーシャープ
C#

容易度	★★★★☆
将来性	★★★★☆
普及度	★★★★☆
保守性	★★★★☆
中毒性	★★★☆☆

開発者	分類	影響を受けた言語	影響を与えた言語
Microsoft、Anders Hejlsberg（アンダース・ヘルスバーグ）	静的型付け、オブジェクト指向	C、C++、Delphi、Eiffel、Java	D、F#、Java、TypeScript、Dart、Kotlin、Swift

| Webサイト | : | https://docs.microsoft.com/ja-jp/dotnet/csharp/ |

> **言語の特徴** Microsoftが「.NET Framework」のために開発した生産性の高い言語

　C#はMicrosoftが開発し、同社が最も力を入れているプログラミング言語です。名前の#の由来はC++に++を更に追加して並べた形（C‡‡）からです。C++の次世代言語というような名付けをしています[1]。「.NET Framework」という実行環境の上で動かすことを目的に作られました。.NET FrameworkはWindowsに最初からインストールされています。C#はWindows上で動作するプログラミング言語として人気を集めます。最近では、Windowsだけでなく、macOS、Linux、Android、iPhoneなどでも動く[2]ようになっています。共通中間言語（CIL）にコンパイルされてから実行される点や文法的な類似点から、Javaと比較して語られることもあります。

C#はWindowsを中心に人気を集める

多くのWindowsアプリがC#で作られており、今ではWebアプリやスマホアプリもC#で作られている。

＊1　C++のパワーアップ言語と見なされることもありますが、どちらかというとDelphiやJava、特にJavaの影響が強い文法です。
＊2　.NET CoreやXamarinによる。後述。

言語の歴史

C#及びその実行環境の.NET Frameworkの設計や開発に携わったのは、BrolandのDelphiを開発したAnders Hejlsberg[*3]です。C#1.0は、Microsoftから2002年4月にリリースされました。その後、C#には、次々と新機能が追加され、ジェネリクス、コルーチン、型推論、ラムダ式、クエリ式LINQなどをサポートしました。当初ライバルのJavaと異なり動作がWindows上に限定されていたにもかかわらず、機能追加への積極さなどから、プログラマーからの人気が高い言語でした。当初はC#はほぼWindows専用の言語でした[*4]が、Microsoftは近年クロスプラットフォーム化に大きく舵を切りました。

Microsoftは、2016年にC#をモバイルでも使うための技術を開発していたXamarinを買収、クロスプラットフォームの.NET Coreを公開します。これによって現在では、macOSやAndroidなどでC#を動かせます。

 活躍するシーン

[Webアプリケーション] [デスクトップ] [ゲーム開発] [スマートフォンアプリ]

Windowsサーバー向けを中心に、Javaと似たような用途で使われることが多くあります。C#によるWeb開発ではASP.NETが人気で、WebのUIを開発できるBlazorも注目されます。デスクトップWindowsアプリケーションも、C#で開発されたものが多いです。Windowsアプリケーションの開発ではC#は最も手厚くサポートされる言語の1つです。

ゲーム開発環境UnityではC#を公式な開発言語としてサポートしており、C#で開発されたゲームが世界中で遊ばれています。クロスプラットフォームツールのXamarinでスマートフォンアプリ作成もできます。

.NET Framework

.NET Frameworkは、Windows向けのアプリケーションの実行環境とライブラリです。C#で書かれたコードは、最初、共通中間言語（CIL）にコンパイルされます。そして、.NET FrameworkではCILをネイティブコードに変換してから実行します。やや立場は異なりますが、JavaのJVMと近いものだと考えてください。今後はクロスプラットフォームの.NET Coreが中心に据えられるため、こちらはメンテナンス期に突入します。

.NET Core

2016年にリリースされた『.NET Core』はMicrosoftとコミュニティによるオープンソースの.NET実装です。Windows、macOS、Linuxをサポートします。Webアプリケーションやコマンドラインに加え、.NET Core 3以降ではWindowsのWPFなどのデスクトップアプリケーション作成もサポートしています。Microsoftが公式にクロスプラットフォーム対応の実行環境を提供したことで大きく話題になりました。

Xamarin/Mono

Monoは、2001年にリリースされたオープンソース、クロスプラットフォームの.NET実装です。Windows中心だったC#をmacOSやLinuxで動かせたため人気となりました。以前はWindows以外でC#のプログラムを動かすのに欠かせない環境でしたが、現在は.NET Coreが登場したため、以前よりは存在感が低下しています。XamarinはMonoの技術と関連の深い、モバイル向けにC#アプリケーションを作成するソフトウェアです。MonoとXamarinとはモバイルOS向けの.NET実装に位置づけられます。

Column

C#は名前の通りC/C++の影響を受けています。ただし、Turbo PascalやObject Pascal/Delphi[*5]、Javaなどの言語の影響も強く感じられるもので、C/C++の単純な後継とは言えません。C/C++とは得意分野[*6]もだいぶ違うので、その点には注意が必要です。.NET Frameworkは標準の充実したライブラリ[*7]を持ち、さまざまな処理を手軽に記述できます。

C#の標準化

C#の仕様は、ECMA-334、ISO/IEC 23270:2003、JIS X 3015などで標準化されています。オープンソースのMonoが誕生し、Windowsだけでなく他のOSでもC#が動作可能になりました。

[*3] DelphiはWindowsの開発ツールとして人気がありましたが、当時のDelphiの提供元であるボーランド社が開発ツール部門の廃止を計画したため、開発チームを引き連れてMicrosoftに移籍しました。Delphiの開発は紆余曲折を経て継続しています。

[*4] Miguel de IcazaによるMonoなど、Microsoftによらないマルチプラットフォーム向けの実装もありました。

[*5] 設計者Anders Hejlsbergの影響と思われます。

[*6] C#はガベージコレクションを有し、実行に.NET Frameworkを必要とするなどCやC++とはだいぶ性格が違います。

[*7] 基本クラスライブラリ。

C# の FizzBuzz

C# の FizzBuzz です。クラス定義の内部、Main 内で FizzBuzz を素朴に実行しています。影響元の C++ のものよりもスッキリしていて見通しが良いです。

```csharp
class FizzBuzz {
  public static void Main() { //          プログラムは、Main メソッドを起点として実行されます。
    // 100回繰り返す
    for (int i = 1; i <= 100; i++) { //     for文を利用して100回繰り返し実行します。
      // FizzBuzzの条件を順に判定していく        FizzBuzzの条件を一つずつif ... else if ... elseで順番に判定していきます。
      if (i % 3 == 0 & i % 5 == 0) cout("FizzBuzz");
      else if (i % 3 == 0) cout("Fizz");
      else if (i % 5 == 0) cout("Buzz");
      else cout(i.ToString());
    }
  }
  // コンソールに文字を出力するメソッドを定義      staticを指定して定義したメソッドはオブジェクトを生成することなく利用できます。
  public static void cout(string s) {
    System.Console.WriteLine(s);
  }
}
```

▶ fizzbuzz.cs

Visual Studio で高い生産性

IDE の Visual Studio を使うことによって C# の生産性は飛躍的に向上します。というのも、C# の設計時に、言語の読みやすさや書きやすさだけでなく、Visual Studio によるコードの補完機能の動作を考慮に入れて総合的に言語仕様が決められたことなどが背景にあります。確かに、Visual Studio を使うと、サクサクと C# のプログラムを書くことができます。

Xamarin でスマートフォンアプリの開発

Xamarin（ザマリン）とは、Microsoft が提供するクロスプラットフォームなアプリケーション開発環境の名称です。Windows、macOS、Linux といったデスクトップ OS はもちろん。スマートフォンの iOS、Android 上で動作するプログラムを作成できます。生産性の高い C# を用いて、かつ各プラットフォーム間でコードを一部共有しながら、スマートフォンのアプリ開発ができるということで注目を集めました。

C# 発のプログラミングテクニック

C# は言語機能を意欲的に進化させてきたため、数多くのファンがいます。リアクティブプログラミングなど多言語に影響を与えた機能も多くあります。C# 発祥のプログラミングテクニックのうち、特に LINQ は C# 発祥の使いやすい機能としてファンが多くいます。

ゲーム開発の Unity

C# のユースケースで人気があるのがゲームです。ゲームは高速な動作が求められることから C++ など

が人気でしたが、ゲームエンジンUnityがC#を公式にサポートしていることから、現在はC#でのゲーム開発も非常に人気があります。UnityはVRコンテンツ制作などにも使えるため、C#の適用領域を広げることに大きく貢献しています。

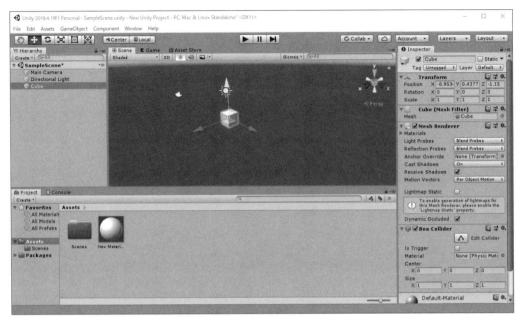

Unityのゲーム制作画面

オブジェクト指向を使ってFizzBuzzのプログラム

　C#の特徴の一つである、オブジェクト指向をより活用してFizzBuzzのプログラムを作ってみます。なんとなく、Javaに似ているのが見て取れます。

```
class FizzBuzz { // ────────── オブジェクト指向を利用して、FizzBuzzクラスを定義します。
  int max;
  FizzBuzz(int max) { // ────── クラスを生成した時に実行されるコンストラクタを定義します。
    this.max = max;
  }
  void Run() { // ──────────── クラス内でのみ有効な変数maxを使って、FizzBuzzゲームを
                              繰り返し実行します。
    for (int i = 1; i <= max; i++) {
      System.Console.WriteLine(this.Check(i));
    }
  }
  string Check(int i) { // ──── クラスを使うには、new演算子でオブジェクトを作成してから
                              利用します。
    if (i % 3 == 0 & i % 5 == 0) return "FizzBuzz";
    if (i % 3 == 0) return "Fizz";
    if (i % 5 == 0) return "Buzz";
    return i.ToString();

  }
  public static void Main() { // ── プログラムは、Mainメソッドを起点として実行されます。
    FizzBuzz obj = new FizzBuzz(100);
    obj.Run();
  }
}
```

▶ fizzbuzz2.cs

▼ .NET と ML 系言語の出会い

エフシャープ

F#

容易度	★★☆☆☆
将来性	★★☆☆☆
普及度	★★☆☆☆
保守性	★★★☆☆
中毒性	★★★☆☆

開発者	分類	影響を受けた言語	影響を与えた言語
Microsoft、Don Syme（ドン・サイム）	静的型付け、関数型	OCaml、ML、C#、Haskell	

Webサイト	https://fsharp.org/

言語の特徴 | Microsoft発の関数型言語　OCamlからの影響が大きい

　F#は.NET Framework上で実行できる関数型プログラミング言語（あるいはオブジェクト指向も併せ持つマルチパラダイム言語）です。Microsoft Research（Microsoftの研究所）で開発が始まり、2005年に公開されます。F#、C#、Visual Basic（.NET）のような.NET Framework上で実行できる言語のことを.NET言語と呼ぶことがあります。これら.NET言語は.NET Frameworkの豊富な資源、ライブラリや実行環境を活用できます。

　F#はOCamlやStandard ML、Pythonなどに影響を受けています。特にOCamlからの影響が色濃く出ています。Visual BasicやC#など、比較的関数型の影響が限定的なプログラミング言語を提供してきたMicrosoftとしては、異色の立ち位置にあるともいえるでしょう。残念ながらC#やVisual Basicほどの人気はありませんが、興味深い言語です。

言語の歴史

　F#はMicrosoft ResearchのDon Symeを中心に2002年に開発が開始されます。2005年に発表され、Visual Studio 2010から標準開発言語の一つとして追加されました。オープンソースの.Net Frameworkである、Mono環境向けにもF#コンパイラが移植されており、macOSやLinuxでもプログラムの開発ができます。.Net Frameworkの機能に加えて、OCamlを参考にした標準ライブラリも備えています。

コード | F# の FizzBuzz

　F#でFizzBuzz問題を解くプログラムです。いろいろな方法で記述できますが、ここでは、パターンマッチを利用してFizzBuzzの値を返すようにします。OCamlのそれと近い書き方ができます。

FizzBuzzを返す関数を定義します。

パターンマッチを利用してFizzBuzzの組み合わせを確認し、結果を返します。

▶ fizzbuzz.fsx

```
// FizzBuzzを返す関数を定義
let fizzbuzz n =
    match (n % 3 = 0), (n % 5 = 0) with //
    | true, false  -> "Fizz"
    | false, true  -> "Buzz"
    | true, true   -> "FizzBuzz"
    | false, false -> sprintf "%d" n

// 1から100までの要素を繰り返し実行
[1..100]
    |> List.iter (fun n -> printfn "%s" (fizzbuzz n))
    |> ignore
```

1から100までの要素について、Listの要素に対して繰り返し、FizzBuzzの値を表示します。

▼ Windows開発で定番の初心者向け言語

ビジュアルベーシック

Visual Basic

容易度	★★★★★
将来性	★★☆☆☆
普及度	★★★★☆
保守性	★★★☆☆
中毒性	★★☆☆☆

開発者	分類	影響を受けた言語	影響を与えた言語
Microsoft	静的型付け、オブジェクト指向、手続き型	Microsoft Basic、Object Pascal/Delphi	

Webサイト	https://visualstudio.microsoft.com/

言語の特徴 | 習得が容易でファンが多い言語

　Visual Basic(通称VB)は、マイクロソフトのWindows上で動くアプリを開発するのに便利なプログラミング言語です。Visual Studioを使うと、ブロックを組み立てるようにかんたんにGUI[*1]を持つアプリを開発できます。マイクロソフトは1970年代よりBASIC（の処理系）を提供してきましたが、Visual Basicはその集大成です。初心者向けのBASICを使いつつ、デスクトップアプリやWebアプリの開発が可能です。2002年から、.NET Frameworkに対応しました。VBは2020年以降、積極的な機能追加はせず、言語としてこれ以上進化をさせない方針で開発を続けています。

初心者向け×Windowsデスクトップアプリ

Visual BasicはWindowsアプリ開発に欠かせない言語。初心者に優しいBASIC言語で、手軽にWindowsアプリの開発が可能。

＊1　デスクトップアプリなどグラフィカルな見た目のあるもの。

言語の歴史

プログラミング言語だけでなく、エディタや画面設計のための開発ツール一式を指して『Visual Basic』と呼びます。誕生は古く1991年です。1995年にWindows 95が発売されると、開発ツールとしてバージョン4.0が大々的に普及します。ボタンやテキストボックスだけでなく、高機能なさまざまなコントロールが提供されました。2002年には.NET Frameworkに対応したVisual Basic .NETが公開されました。その際、言語仕様が大きく変更されたため、それ以前のVisual Basicの最終バージョン6をVB6、それ以後の.NET Framework向けのものをVB.NETと区別して呼ぶことがあります。

活躍するシーン

デスクトップアプリ

もっぱら、Windows上で動作するアプリの開発に利用されます。Visual Studioの画面設計ツールが優秀なため、アプリケーション開発の経験がない人にもはじめやすいです。Webアプリの開発に使うこともできますが、C#に比べるとその用途ではあまり人気はありません。.NET Frameworkの豊富なライブラリが利用できます。

初心者向けWindowsアプリ開発言語として古くから人気

Windows 95の時点で、Windowsデスクトップアプリの開発手段として、Microsoft発だと2つのプログラミング言語が主に用いられました。比較的初心者向けのVisual Basic、開発がやや難しいものの高度なことができるVisual C++です。

イベント駆動型プログラミング

Windowsのアプリは、ボタンをクリックした時、テキストを入力した時など、さまざまなイベントが発生します。このイベントに応じてプログラムが進行してい、こうしたプログラムをイベント駆動型プログラミングと言います。GUI中心のVisual Basicでは活用する機会が多いでしょう。

Visual Basic .NET

2002年にVisual Basicにオブジェクト指向の概念を取り入れた、Visual Basic .NETが登場しました。それ以前のバージョン6.0とは互換性がありません。そのため6.0から.NETに移行できないケースが多く発生しました。現在でもVB6によるプログラムは実行自体は可能ですが、新規開発はほぼありません。

Column

Visual Basicを使うと、とても簡単にWindowsのアプリを作れます。ウィンドウ上にマウス操作で、ボタンやテキストボックスやコンボボックスなどのコントロールを配置することで、画面デザインが完成します。それについて、必要なイベントに対応したプログラムを書くとアプリが完成します。この開発方式はRADと呼ばれます。プログラミング初心者でも手軽にアプリ開発ができるので、1995年以降、Visual Basicは一躍人気となり、様々なアプリ開発に利用されました。現在ではC#などの対抗も多く、往時ほどの人気はありませんが、手堅く使われています。

コード Visual Basic の FizzBuzz

Visual Basic で FizzBuzz 問題を解くプログラムです。

▶ fizzbuzz.vb

```
Imports System
Module Module1
    ' メイン関数を定義                     Visual Basic .NETのコンソールアプリでは、
    Sub Main()                            Mainサブルーチンから実行されます。
        Dim i As Integer
        For i = 1 To 100 '                For ... Next文を使って繰り返しfizzbuzz関数を呼び出します。
            Console.WriteLine(fizzbuzz(i))
        Next
    End Sub
    ' FizzBuzzの値を返す関数               FizzBuzzの値を返す関数を定義します。
    Public Function fizzbuzz(i As Integer) As String
        If (i Mod 3 = 0) And (i Mod 5 = 0) Then
            Return "FizzBuzz"
        ElseIf i Mod 3 = 0 Then
            Return "Fizz"
        ElseIf i Mod 5 = 0 Then
            Return "Buzz"
        Else
            Return i
        End If
    End Function
End Module
```

▼ 仕事を強力にサポートする Excel/Word 等のマクロ言語

ブイ ビー エー

VBA

容易度	★★★★☆	
将来性	★★★☆☆	
普及度	★★★★☆	
保守性	★★★☆☆	
中毒性	★★★☆☆	

開発者	分類	影響を受けた言語	影響を与えた言語
Microsoft	静的型付け、オブジェクト指向、手続き型	BASIC、Microsoft Basic、QuickBasic、Visual Basic	

Webサイト	https://docs.microsoft.com/ja-jp/office/vba/api/overview/

言語の特徴 | Excel との連携が人気　プログラマー以外も活用する

　VBA（Office VBA、Visual Basic for Applications）は、Microsoft Office シリーズにおいて、Excel や Word などのアプリケーションで自動処理するために用いられるマクロ言語です。文法的には、Visual Basic 6.0 と多くの互換性がある BASIC です。Excel や Word などの Office アプリの各種機能にアクセスできるので、強力な処理の自動化が可能です。

　Excel の帳票などの処理に活躍するため、プログラマーではない人も活用する事が多い言語ですプログラマーでない人が最も使っている・親しんでいるプログラミング言語でしょう。

VBA は仕事を助ける言語

VBA は Excel や Word など Office アプリのマクロ言語。手軽に使える上に、プログラミングで書類の自動生成ができるので、仕事などで利用されている。

言語の歴史

Office に VBA が搭載されたのは、1994年の Excel 5.0 が最初です。この時はまだ本格的に使えるものではありませんでした。翌年に発売された Office 95 や 1997年の Office 97 には、本格的な VBA が搭載され、Office 製品で共通して VBA が使えるようになりました。その後のバージョンでも、VBA は重要な役割を果たしています。VBA のプログラムは、Office ファイル内に梱包される形式のため、Excel ファイルを開いただけで悪意のあるプログラムが実行されてしまうなどセキュリティ上の問題がありました。Office ではこれらの問題を解決すべくアップデートを続けており、多くは解決されています。

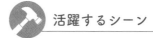 ## 活躍するシーン

事務処理

Excel や Word、Access や Outlook など、Microsoft の Office シリーズで、アプリを自動化するためのマクロ言語して利用されています。Excel であれば、新規シートを作成したり、特定のシートをコピーしたり、任意のセルの値を読み書きしたり、グラフを挿入したりと、かなり高度な処理が可能です。事務処理を自動化するプログラミング言語として最も人気があります。

◎ マクロの記録でプログラムを自動生成できる

Excel などで操作内容を記録して再現するマクロ記録機能を使うと、自動的にこの VBA がモジュールに追記されます。自動生成されたコードを手で編集することもできます。コードを書かなくても自動化処理ができるのも人気の理由です。

◎ フォーム機能

Windows アプリのようにフォーム上にボタンやエディタを配置して表示することができます。フォームに入力された内容を元にして Excel シートに生成したデータを流し込む（再利用する）など便利に使えます。

◎ macOS でも使える

Office 製品は Windows だけでなく macOS 向けにも提供されています。意外かもしれませんが、macOS でも同じように VBA のプログラムを動かせます。ただし、Linux などの Office 製品が現段階で提供されていないプラットフォームでは利用できません。

Column

Office を使うなら VBA は何と言っても、事務処理をするうえでは押さえておきたい言語です。Excel や Word など業務に欠かせないツールを自動化することを念頭に設計されています。Excel ならばシートへの書き込みだけでなく、セルの色やフォントを変更したり印刷の実行までできたりと強力な機能が提供されています。ちょっとした社内の業務システムを Excel と VBA で作るということもあるほどです。

コード ## VBA で Excel シートに書き出す FizzBuzz

VBA で Excel シートに FizzBuzz の表を書き込む例です。Excel を起動したら、Alt + F11 キーを押して VBA エディタを起動し、シートを選択してプログラムを記述しましょう。

```vba
' Excel シートに FizzBuzz を書き込むサブルーチン
Sub WriteFizzBuzz()
  For i = 1 To 100
    Sheet1.Cells(i, 1) = FizzBuzz(i)
  Next
End Sub

' FizzBuzz の判定を行う関数
Function FizzBuzz(i) As String
  If i Mod 3 = 0 And i Mod 5 = 0 Then
    FizzBuzz = "FizzBuzz"
  ElseIf i Mod 3 = 0 Then
    FizzBuzz = "Fizz"
  ElseIf i Mod 5 = 0 Then
    FizzBuzz = "Buzz"
  Else
    FizzBuzz = Str(i)
  End If
End Function
```

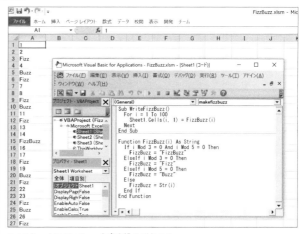

Excel シートに FizzBuzz を書き込んだところ

Excel シートに FizzBuzz を書き込むサブルーチンを定義します。

FizzBuzz の判定を行う関数 FizzBuzz を定義します。関数の戻り値を指定するには「関数名 = 値」のような形式で指定します。

VBA の開発環境

VBA は Excel や Word に機能として含まれる Visual Basic Editor (VBE) で作成・編集します。VBE は、VBA に特化したエディタ・IDE で、ソースコードのシンタックスハイライト、補完など機能的にはなかなか強力です。モジュール（プログラム）の管理やステップ実行などもできるので、VBE だけあればしっかり開発できます。

VBA はソースコードが個々の Excel などのファイルに紐づいています。そのため、他のプログラミング言語のように、個別のテキストファイルではソースコードを管理できません。こういった独特な部分があるため、他のプログラミング言語を経験したことがある人だと少し違和感があるかもしれません。こういった独自の特徴があることや、文法が古い VB6 由来の点などから、プログラミング言語を本格的に学習した人の中には VBA を好まない人もいます。

+1 Excel 関数—プログラミングの入口になる便利な機能

Excel 関数は、Excel のセルに入力する数式中で利用できる機能です。合計の SUM や真偽判定の IF など、様々な数式中の処理を 300 個以上ある関数が担います。

Excel 関数は正確にはプログラミング言語ではありません。ただし、IF や AND などプログラミング言語に通じる概念が多く登場し、基本情報技術者試験でもプログラミング言語と同様に試験の題材として取り上げられる[1]ことから本書では便宜的にプログラミング言語として扱います。

Excel 関数は IF と AND や OR で条件ごとにセルの表示を変更したり、LOOKUP/VLOOKUP などでデータを照合して引き出したりと単なる集計以上の強力な機能を持っています。VBA に比べるとプログラミング言語的な性格は薄いのでアプリケーションの開発などは難しいです。

Excel 関数は VBA から利用できたり、VBA でオリジナル関数を作成できたりと相互に連携しています。

+1 Google Apps Script—Google の VBA

Google が提供するオフィスアプリケーション[2]に Google ドキュメント／Google スプレッドシート／Google スライドなどがあります[3]。これらの処理を自動化するために Google Apps Script（通称 GAS）という JavaScript 互換のプログラミング言語が用意されています。利用用途はほぼ VBA と同一です。

これまで、Google Apps Script には Java で実装した JavaScript 処理系の Rhino が使われていましたが、2020 年に Node.js と同じ V8 処理系が採用されました。これにより ES6 以降のモダンな JavaScript が利用できるようになりました。

VBA に対する VBE のように、スクリプトエディタという Web ブラウザで使える専用開発環境があります。スクリプトエディタはスプレッドシートなど各アプリケーション、ファイルから起動できます。この点も VBE に似ています。

Google Apps Script は人気の高い JavaScript に準拠した書き方ができ、さらに上述のスプレッドシートなどに加えて Gmail や Google ドライブにも利用できるため近年人気を集めています。まだ VBA ほど浸透はしていませんが、今後に注目できます。

---

*1 基本情報技術者試験では Excel ではなく表計算ソフトということで取り上げられています。
*2 事務処理用のソフトウェア。これら一連のソフトウェアをオフィススイートと呼びます。
*3 それぞれ Word、Excel、PowerPoint 相当。

▼ かつてはWindowsアプリケーション開発で人気　近年も地道に改良

オブジェクトパスカル/デルファイ

Object Pascal/Delphi

容易度	★★★☆☆
将来性	★★☆☆☆
普及度	★★☆☆☆
保守性	★★★☆☆
中毒性	★★☆☆☆

開発者	分類	影響を受けた言語	影響を与えた言語
Borland（ボーランド）、Embarcadero（エンバカデロ）、Anders Hejlsberg（アンダース・ヘルスバーグ）	静的型付け、手続き型、オブジェクト指向	Pascal、Turbo Pascal	C#、Visual Basic

Webサイト	http://www.embarcadero.com/jp/products/delphi

> **言語の特徴** 高速なコンパイルとコンポーネントが人気を博したPascal

　Object Pascalは静的型付けのオブジェクト指向プログラミング言語です。Pascalという教育分野で人気があった言語にオブジェクト指向を追加したものです。DelphiというIDE上での利用が最も知られています。

　DelphiはクロスプラットフォームのIDEでObject Pascalを第一の開発言語としています。DelphiがObject Pascalに独自拡張を加えた点などから、Delphi上のObject Pascal自体をDelphi Languageと呼ぶこともあります[1]。DelphiはかつてはWindowsアプリの開発ツールとして、Visual Basicと双璧をなすほど人気でした。人気の秘密は、インタプリタ実行と同じくらいストレスのない高速なコンパイルと、エディタやボタンなどのGUI部品をコンポーネントとして扱い、手軽にウィンドウデザインを行うことができるRAD機能にありました。

　往時に比べると人気は落ち着いています[2]。ただ、根強い人気があり、現在ではmacOSやiOS、Android、Linux向けのクロスプラットフォームのアプリ開発にも対応しています。

 ## 言語の歴史

　DelphiはBorlandにより1995年に発表され、翌1996年にWindows 95対応のDelphi 2が発売されました[3]。使いやすさからかなりの人気を集めます。

　このDelphiで採用されていたのがObject Pascalです。Object PascalはPascalにオブジェクト指向を追加した言語です。Appleの同名のプログラミング言語Object Pascalに影響を受け、BorlandによるTurbo Pascalの発展形として登場したのがDelphiのObject Pascalです。DelphiのObject Pascal自体は1995年、Delphiのリリースとともに世に出ます。以後、Appleの方のものは利用されなくなったためDelphiがObject Pascalの本流です。2018年に発表されたDelphi 10.3 Rioでは、型推論可能なインライン変数宣言が可能になるなど現在も文法面の進化は続きます。

 ## 活躍するシーン

`デスクトップ`

　Delphiが古くから活躍するシーンはWindowsのデスクトップアプリケーションの開発です。無料版が提供されていたこともあり、テキストエディタから、音楽ツール、データベースを利用するアプリまで、多くのシェアウェア、フリーウェアがDelphiによって作成され公開されました。現在では、Windows、macOS、iOS、Android、Linuxのネイティブアプリの開発が可能となり、スマートフォンアプリでの展開も可能となっています。

※1　本書ではIDEをDelphi、その言語をObject Pascalとします。現在は言語としてはObject Pascal表記が推奨されています。
※2　Windowsデスクトップアプリケーションそもそもの人気の衰退や、Visual Studioが現在では優勢なため。
※3　BorlandはTurbo Pascalという製品を発売しており、Delphiはその後継となる開発環境でした。

コード | Object Pascal の FizzBuzz

Object Pascal で FizzBuzz 問題を解くプログラムです。手軽に利用できる点で、Free Pascal の Delphi モード (-Mdelphi) で動作するプログラムにしました。

▶ fizzbuzz.pas

```
program FizzBuzz;
uses sysutils;

// FizzBuzzの値を返す関数 ←──── FizzBuzzの値を返す関数を定義します。
function GetFizzBuzz(i: Integer): String;
  // インライン関数 ←──── インライン関数として、3で割り切れるFizzか、5で割り切れるBuzzを定義します。
  function IsFizz(i: Integer): Boolean;
  begin
    Result := (i Mod 3 = 0);
  end;
  function IsBuzz(i: Integer): Boolean;
  begin
    Result := (i Mod 5 = 0);
  end;
begin
  if IsFizz(i) and IsBuzz(i) then Result := 'FizzBuzz'
  else if IsFizz(i) then Result := 'Fizz'
  else if IsBuzz(i) then Result := 'Buzz'
  else Result := IntToStr(i);
end;

// メイン処理 ←──── メイン処理を記述します。100回 GetFizzBuzz関数を実行します。
var
  i: Integer;
  s: String;
begin
  for i := 1 to 100 do begin
    s := GetFizzBuzz(i);
    Writeln(s);
  end;
end.
```

＊4 Embarcadero 自体もデータベースツールなどを提供する IDERA に2015年に買収されています。

+1 ALGOL—構造化プログラミングの初期の言語

ALGOLは現代の関数や制御構造の組み合わせでのプログラミング（構造化プログラミング）の嚆矢ともいえる言語です。1950年代末、プログラミング言語のある種の草創期に登場しました。静的型付けを採用し、型安全性を最初期に重視した言語でもあります。

begin〜endによるブロックの記述など、文法的特徴はPascalへの影響を感じさせます[5]。当時としては先進的だったため、間接的にさまざまな言語に影響を与えているものの、直接の後継といえる言語で現在も一定の人気があるのはObject Pascal/Delphiのみでしょう[6]。現在はあまり使われていません。

+1 Pascal—人気の教育用言語

Pascalは教育を目的の1つに開発されたプログラミング言語です。ALGOLに強く影響を受け、Niklaus Wirthが1970年に開発しました。教育用であること、構造化プログラミングができることなどが重視されました。begin〜endで構成される（Cとは異なる）ブロックの図示などの文法が特徴的です。1パスコンパイラという、ソースコードを一度読み取るだけでコンパイルできる仕組みを持ち、記憶領域へのアクセスの遅いコンピューターでも高速に動作しました。Pascalやその後継は一時はApple Lisaワークステーションへの搭載などが見られたものの、現在ではそれほど人気があるプログラミング言語ではありません。Object Pascal/Delphiは、Pascalの後継言語の中でも比較的広く使われています。

+1 Ada—国防プロジェクトから生まれた安全重視の言語

Pascalの他にALGOLの影響を受けた言語として、アメリカ国防総省が組み込み機器の制御用に開発を開始したAda（1983年登場）などが知られます。国防総省発の言語ということで安全性などが重視されました。Adaは世界初のプログラマーと呼ばれる、19世紀イギリスの女性貴族Ada Lovelace（エイダ・ラブレス）の名前がその由来です。Adaは現在はあまり使われていません。

+1 Eiffel—Rubyにも影響を与えたオブジェクト指向の一つの姿

Eiffel[7]は1985年に公開された、静的型付けのオブジェクト指向プログラミング言語です。エッフェル塔の設計者Alexandre Gustave Eiffelが名前の由来です。Eiffelの名の通り、開発者のBertrand Meyerはフランス出身です。EiffelはAdaを参考にした言語で、キーワードの選定などからも影響が感じられます。現在主流である、Cに影響を受けた言語とは雰囲気が違います。ブロックの終端をendで終わらせる点などキーワード選定、文法はRubyにも影響を与えています。登場時期が近いC++と比べると支持はあまり広まりませんでした。Eiffelは現在も開発が続いている言語です。オンラインREPLもEiffelのサイト内に設置されているので、独自の世界が気になる人は試してみると面白いでしょう。

+1 Free Pascal—オープンなPascal処理系

Free Pascalは、オープンソースで開発されたPascal処理系です。Delphi互換モードを備えており、少し手を加える必要はありますが、Delphi用に開発したプログラムを動かすことができます。

---

[5] C言語の{}（ブレース）によるブロックの記述がCの後継やPHPやJavaなどで広く受け入れられたのに比べると、begin〜endによる記述は限定的な影響を与えるのみでした。

[6] C言語をALGOLに影響を受けた言語とみなすこともありますが、本書では影響は限定的なものとして解説します。

[7] https://www.eiffel.org/

▼ 効率的に使えるテキスト処理専用の言語

オーク

AWK

容易度	★★★☆☆
将来性	★★☆☆☆
普及度	★★★★☆
保守性	★★☆☆☆
中毒性	★★☆☆☆

開発者	分類	影響を受けた言語	影響を与えた言語
Alfred Aho（アルフレッド・エイホ）、Peter Weinberger（ピーター・ワインバーガー）、Brian Kernighan（ブライアン・カーニハン）	手続き型	sed	Perl

Webサイト	： https://www.gnu.org/software/gawk/manual/gawk.html [*1]

言語の特徴 | 文書処理専用言語だが強力

　AWKはsedやgrepなどのコマンドの発展版とでも呼べる、プログラミング言語的な処理能力の向上を目指したテキスト処理コマンド、言語です。空白など特定の区切り記号で区切られたCSV/TSVやその他のテキストを処理することを念頭においています。正規表現に対応し、パターン／アクションという記述スタイルをとります。sedなどに比べると機能は強力で、関数定義などができます。ベル研究所におけるUNIX開発の過程で生まれ、AWKという名前はAlfred Aho、Peter Weinberger、Brian Kernighanの三人の名字の頭文字から命名されています。

AWKはテキストファイルを手軽に処理できる言語

AWKはテキストファイルの処理に特化したプログラミング言語。似たような用途のsedと比べて機能が豊富。

＊1　AWKの実装の1つ。GNU AwkのWebサイト。LinuxなどではAWKといえばGNU Awkですが、macOSではやや仕様の異なるAWKが入っています。互換性に注意が必要です。

言語の歴史

オリジナルの AWK は 1977 年にベル研究所にて開発され、1985 年に言語機能を拡張していきます。1988 年には GNU [*2] による実装である GNU Awk（gawk）が登場し、機能追加を重ねて人気を集めます。現在は GNU Awk と、new awk（nawk）という最初の awk の直接の後継の 2 つが広く使われています。

活躍するシーン

`テキスト処理`

テキストの加工とパターン処理、集計などに利用されます。ログなど、ある程度整形されたテキストの解析に威力を発揮します。これを活かしてさまざまなバッチ処理でも役立ちます。

機能的には Perl でも同等のことができるケースが多く、またより簡便な用途なら sed でも可能なので、これらの言語がライバルといえるでしょう。

AWK のプログラミング言語としての見方

AWK では、一行ごとの処理を基本としています。各行を読む前の処理を BEGIN ブロックに、各行の行を読み込んだ後の処理を END ブロックに書きます。以下のような書式で記述します。必要がなければ任意のブロックを省略できます。

```
［書式］
BEGIN { 最初の処理 }
{ メイン処理 }
END { 最後の処理 }
```

コード　AWK の FizzBuzz

AWK で FizzBuzz 問題を解くプログラムです。文書処理用ながら、関数なども有し、機能は充実しています。

```
# FizzBuzz の値を返す関数          FizzBuzz の値を返す関数を定義します。          ▶ fizzbuzz.awk
function fizzbuzz(i) {
  if (i % 3 == 0 && i % 5 == 0) return "FizzBuzz"
  if (i % 3 == 0) return "Fizz"
  if (i % 5 == 0) return "Buzz"
  return i
}

# 最初に実行する部分          BEGIN のブロックは最初に実行される部分です。ここで 100 回の繰り返しを行います。
BEGIN {
  for (i = 1; i <= 100; i++) {
    print fizzbuzz(i)
  }
}
```

Unix コマンドとシェルスクリプト

シェルスクリプトは AWK や sed など Unix コマンド（プログラム）を組み合わせて記述します。AWK は Unix コマンドの中でも豊富な機能を持ちます。出力を次のコマンドに渡す | （パイプ）がシェルスクリプトの特徴です。出力を自由自在に変換できる AWK を覚えておくことで、シェルスクリプトの自由度が大きく上がります。

---

*2　フリーソフトウェア運動に関連し、自由なライセンスの UNIX コマンドなどのソフトウェアを開発する団体。

▼ テキストファイルを加工するUNIX出身言語

セド

sed

容易度	★★★☆☆
将来性	★★☆☆☆
普及度	★★★★☆
保守性	★★☆☆☆
中毒性	★★☆☆☆

開発者	分類	影響を受けた言語	影響を与えた言語
Lee E. McMahon（リー・イー・マクマホン）	命令型	ed[*1]	AWK、Perl

Webサイト	https://www.gnu.org/software/sed/ [*2]

言語の特徴 | シンプルな機能だがUnix系OSを使うなら知っておきたい

　sedはテキスト処理コマンド、言語です。正規表現に対応し、置換以外にもいくつかの命令があるので、柔軟な加工が可能です。オリジナルのsedは1973年頃、ベル研究所でLee E. McMahonによって開発されました。現在はこのsedの後継と、GNUによる機能豊富な派生のGNU sedのいずれかが多くのUnix系システムに搭載されています。

 活躍するシーン

テキスト処理

　sedはテキスト処理に利用されます。簡単なコマンドによって置換処理を行うことができます。コマンドラインから利用し、複数ファイルを対象にしたテキストファイルの一括置換などに利用されます。PerlやAWKでも同等のことはできますが、sedも人気があります。PerlやAWKに比べると機能はそこまで多くありません。

コード | sedの基本的なコマンド

　sedでは「（アドレス）（コマンド）」の組み合わせで処理を指定します。例えば、テキストファイル「test.txt」の1行目から5行目を削除するには、以下のように記述します。

```
$ sed '1,5d' test.txt
```

　「1,5」の部分がアドレスで、1行目から5行目を意味します。そして、「d」がコマンドで任意の部分を削除するものです。
　また、同じく「test.txt」の中で「#」から始まる行を削除するには、以下のように記述します。

```
$ sed '/^#/d' test.txt
```

　そして、「test.txt」の1行目から10行目にある「aaa」を「bbb」と置換するには、以下のように記述します。

```
$ sed '1,10s/aaa/bbb/' test.txt
```

コード | sedでもFizzBuzz

　コマンドラインからsedでFizzBuzz問題を解くワンライナーのプログラムです。
　連続した数値を出力するコマンドseqを利用しています。

```
$ seq 100 | sed '/.*[05]$/s//Buzz/;n;s//Buzz/;n;s//Buzz/;s/^[1-9]*/Fizz/'
```

＊1　Ken Thompsonによるエディタ。Viなどに影響を与えた。このエディタのスクリプト機能に影響を受けたのがsed。
＊2　sedの実装の1つ。GNU sedのWebサイト。sedも実装によって機能が違うことがあるので、LinuxとmacOSでsedプログラムをやりとりするようなことがあれば注意が必要。

パワーシェル

PowerShell

容易度	★★⯪☆☆
将来性	★★⯪☆☆
普及度	★★☆☆☆
保守性	★★⯪☆☆
中毒性	★★☆☆☆

開発者	分類	影響を受けた言語	影響を与えた言語
Microsoft、 Jeffrey Snover（ジェフリー・スノーヴァー）	動的型付け、手続き型	Perl、Bash	

Web サイト	https://microsoft.com/powershell

言語の特徴 Windows のための独自の CLI 実行環境＋スクリプト環境

　PowerShell は Microsoft による、主に Windows 向けのシェルです。シェルとは CLI（コマンドラインインターフェイス）実行環境、およびそれに基づくプログラミング言語です。Windows 7 以降標準で OS に搭載されています。長年使われたコマンドプロンプトやバッチファイルに代わって Windows 上で人気を伸ばしています。.NET と密接に連携しており、.NET の豊富なライブラリを利用できます。登場時は Windows のみが対象でしたが 2016 年にオープンソースになり、Linux/macOS でも利用できるようになりました。

PowerShell は Windows の標準シェル

Windows7 以降で搭載されている PowerShell は .NET をベースにしているため高機能なコマンドが実行可能で、コマンドプロンプトの後継候補だ。

Windows には MS-DOS 由来のコマンドプロンプト／cmd.exe が標準搭載されています。これは、DOS コマンドが実行できる CLI 実行環境で、長年大きな変更もなく使われて来ました。しかし、その機能不足は明らかで、2003 年 Microsoft は PowerShell の開発を始め、2006 年に正式版が公開されました。その後、2009 年発売の Windows 7 には OS に標準搭載され、大きな広がりを見せます。2016 年の PowerShell Core 6.0 を機にオープンソース化され、Linux/macOS への移植が進んでいます。この動きは .NET Core などと連動しています。

スクリプト

Windows の機能の管理、処理の自動化やバッチ処理に利用されます。特に Windows Server の管理などが得意です。多くのプラットフォームで動作するようになりましたが、現状 Windows での利用が中心です。簡易的なスクリプト言語で、Web アプリケーションの構築などは得意ではありません。

PowerShell とセキュリティ

PowerShell は個別のプログラムファイルを作成し、配布・実行できます。ただし、そのまま実行できないケースも多くあります。バッチファイルや WSH による脆弱性の反省から『実行ポリシー』機能を備えており、適切な実行ポリシーでなければプログラムを実行できないといった制約を課すことで安全性を高めています。

どんなスクリプト機能があるのか?

PowerShell のスクリプト機能は本格的なものです。一般的な関数定義、制御構造や正規表現はもちろん、オブジェクト指向の影響を感じられるハッシュテーブル（連想配列）中心の文法など、独自の特徴も持ちます。さらに .NET との連携も可能で、コマンドプロンプト（バッチファイル）比べるとかなり強力になっています。

Linux のシェルのようなコマンドが使える

PowerShell では、Linux のシェルを意識し、Linux 風のコマンド名も一部使えるようになっています。フォルダの内容一覧を表示する『ls』や、ファイルのコピーを行う『cp』、削除を行う『rm』など、PowerShell のコマンドレットのエイリアスが用意されています。あくまで似たような機能にエイリアスを追加しているだけで実行内容に互換性がないのは要注意です。

Column

PowerShell は、.NET の資産（ライブラリ）が利用できるのが大きなメリットです。既存のものだけではなく、C# でライブラリを作り、PowerShell から利用するといった応用も可能です。配列やハッシュなど多様な柔軟なデータ型も利用できるので、表現力の高いスクリプトを記述できます。処理の自動化という面では、COM を操作して、プログラムで Excel や Word を操作する能力も持ち合わせます。

コード PowerShell の FizzBuzz

PowerShell で FizzBuzz 問題を解くプログラムです。PowerShell のコマンド（コマンドレット）は独特の命名規則で、Write-Host のように（動詞）-（対象の名詞）という構成をしています。これはコマンドプロンプトとも、Bash などの Unix 系シェルとも異なります。

▶ fizzbuzz.ps1

```
# FizzzBuzz の値を返す関数を定義
Function FizzBuzz($n) {
    # Fizz と Buzz の条件を満たすか確認
    $isFizz = $n % 3 -eq 0
    $isBuzz = $n % 5 -eq 0
    # 条件を if 文で確認
    if ($isFizz -and $isBuzz) { return "FizzBuzz" }
    if ($isFizz) { return "Fizz" }
    if ($isBuzz) { return "Buzz" }
    return $n
}
# 1 から 100 まで繰り返し FizzBuzz 関数を実行する
@(1..100) | % { FizzBuzz $_ | Write-Host }
```

FizzBuzz の値を返す関数を定義します。

Fizz と Buzz の条件を満たすかどうか確認します。『a -eq b』で a が b と等しいかを確認します。

if 文を利用して FizzBuzz の条件に合致するか確認します。『-and』で論理演算 AND を計算します。

『@(1..100)』で 1 から 100 までの連続する数値を生成し、『|』はパイプで、値を右側のコマンドに渡します。『%』は繰り返し構文で、『$_』は繰り返し中の要素を表します。

WSH の代わりに PowerShell

PowerShell はコマンドプロンプトだけでなく、当時課題の多かった WSH の置き換えの役割も果たしました。WSH とも文法的互換性はないため、移行はややゆるやかに進んでいますが、コマンドプロンプトに比べると WSH は比較的早く移行しています。

PowerShell は特徴的

PowerShell は名前に反して Bash などの Unix 系シェルとは別物で、さらにコマンドプロンプトとも互換性はありません。まったく新しいシェルです。

Unix 系シェルに見られるパイプ（|）を持ちますが、機能が微妙に違い、PowerShell のオブジェクトやハッシュテーブル中心の文法に最適化されたものになっています。Bash のような文字列中心のシェルとは考え方に異なる点がいくつかあります。

Windows としてはコマンドプロンプトの後継のようなポジションながら、コマンドプロンプトとも別物です。コマンドも Write-Host のように PowerShell 独自のもので構成されています。

こういった完全新規の文法を採用し、読みやすさや使いやすさを確立した面もあります。ただ、そのせいで、今までバッチファイルを書いてきた Windows 系開発者も、シェルスクリプトを書いてきた Unix 系開発者も学習が新たに必要だったため、利用が広まるのが遅くなりました。

+1 バッチファイル（コマンドプロンプト／ cmd.exe）—Windows の古くからの定番

コマンドプロンプト（cmd.exe）は Windows の CLI 実行環境です。この上で動作する簡易プログラミング言語のことをバッチファイル、あるいはドスバッチ（dos batch）などと呼びます。コマンドプロンプトとバッチファイルはあわせて、Unix 系 OS の Bash などに相当しますが機能はかなり限定的です。

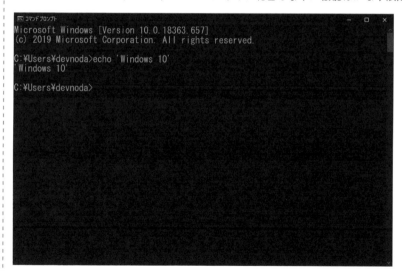

バッチファイルにもプログラミング言語としての最低限の機能は備わっています。FizzBuzzを見てみましょう。機能が限定されているため、入れ子で if を用意するなど独特の記述になってしまいます。

```
@echo OFF                                                        ▶ fizzbuzz.bat

setlocal enabledelayedexpansion

for /l %%i in (1,1,100) do (
  set /a fizzbuzz=%%i %% 15
  set /a fizz=%%i %% 3
  set /a buzz=%%i %% 5
  REM echo !fizzbuzz! !fizz! !buzz!
```

```
if !fizzbuzz! equ 0 (
  echo FizzBuzz
) else (
  if !fizz! equ 0 (
    echo Fizz
  ) else (
    if !buzz! equ 0 (
      echo Buzz
    ) else (
      echo %%i
    )
  )
)

endlocal
```

　バッチファイルは手軽に実行でき、ちょっとした操作なら便利ですが、機能が不足気味で可読性も高くありません。こういった事情から、複雑な操作を実行したくなると困ります。そのため、PowerShellが開発され、歓迎されることとなりました。ただ、PowerShellは上述の実行ポリシーが少し面倒である点や長年Windowsに搭載されてきたバッチファイルになれた開発者が非常に多い点から、今のところはコマンドプロンプトやバッチファイルの完全な置き換えには至っていません。

　Windows上でスクリプトを実行する仕組みとしては、cmd.exeのほかに、WSH（Windows Script Host）上で動作するJScriptやVBScriptというものがありました。これらはコマンドプロンプトに比べると比較的早く移行が進み、PowerShellなどで置き換えられました。WSHは現在はほとんど機能更新などは行われていません。

＋1　Windows Script Host（WSH）―かつてのWindowsの人気スクリプト実行環境

　Windows Script Host（WSH）は、Windowsのスクリプト環境の1つです。VBScriptとJScriptが動作します。VBScriptはVisual Basic6.0と一部互換のスクリプト言語、JScriptはECMAScript-262（第3版）互換の言語です。コマンドプロンプト以後、WSHの登場により、柔軟に自動化タスクを記述できるようになりましたが、あまりに柔軟すぎたためWSHを悪用したウィルスが多く作成されました。現在は後継のPowerShellがWindows第一のスクリプト環境で、WSHはほぼ更新されていません。WSHで作成したスクリプトは、可能な限りPowerShellや他言語に移行すべきでしょう。

　WSHはWindows98より標準搭載されました。Windows上のソフトウェア再利用技術COM（Component Object Model）に対応しています。

▼ Linux標準のシェルBashは一通り言語の機能を持っている

バッシュ／シェルスクリプト

Bash／Shell Script

容易度	★★★☆☆
将来性	★★★★☆
普及度	★★★★★
保守性	★★★☆☆
中毒性	★★★☆☆

開発者	分類	影響を受けた言語	影響を与えた言語
GNU、Brian Fox（ブライアン・フォックス）	手続き型	Bourne Shell、C shell、KornShell	Perl、PowerShell

Webサイト	: https://www.gnu.org/software/bash/

言語の特徴 多くのLinuxで標準のシェル 欠かすことのできない存在

　Bashは最も人気のあるUnix系シェル（CLI実行環境とプログラミング言語）の1つです。事実上のLinux標準シェルとして広く普及しています。Bashはプログラミング言語としての特徴（変数、制御構文、関数など）を一通り備えており、ある程度のプログラムを作ることが可能です。このようなシェルで動作するスクリプトをShell Script（シェルスクリプト）と呼びます。シェルスクリプトは各種のUnixコマンドを組み合わせて利用します。

　Bashは自由なソフトウェアを提供することを目的としたGNUプロジェクトによる成果物で、登場以来現在まで堅実にメンテナンスされています。Shell Scriptは他の言語と比べて、ファイル処理や外部コマンドの組み合わを非常に簡潔に記述できるのがメリットです。

BashはLinuxの標準シェル

BashはLinuxを中心に広く使われるシェル。ファイル処理やコマンドの組み合わせなら、どの言語よりも簡潔に記述できる。

言語の歴史

Bashは Bourne Shell のフリーソフトウェアによる置き換えとして、GNUで Brian Fox を中心に1989年ごろから開発されました。GNUは自由な（ライセンスの制約が少ない）Unix系 OS を作成することを目標とした団体で、創始者の Stallman は既存のシェルスクリプトを実行できるシェルが重要だと判断し Bash に力を入れます。Bashは人気を博し、macOS[*1]や Linux の標準のシェルとして採用されるようになりました。

◎ Bash の名前の由来

Bash は『Bourne-again shell』の頭文字をつなげた名称です。これは、置き換え対象だった『Bourne Shell』と、キリスト教の用語で『新生』を意味する『born again』に引っ掛けただじゃれです。

◎ 変数は $ から始まる

Bashの変数は必ず $ から始まるので、プログラムのコード中では容易に見分けることができます。ただし代入時は $ 不要で、参照時にのみ $ が必要です。なお、Perl や PHP などの言語では、変数名は $ から始める決まりでこのあたりは類似しています。

 活躍するシーン

コマンドライン スクリプト

Bashは Linux をはじめとする多くの環境で基盤となるソフトウェアとして利用されます。macOSのターミナルなどのアプリケーションからも使えます。プログラミング言語として、OSの環境設定や、さまざまなタスクの自動化、バッチ処理の記述に利用されます。Web アプリケーションなどの用途にはほとんど使われません。

Column

Bashは柔軟性が高く強力な処理が可能で、さまざまなバッチ処理が記述されています。Linux に標準搭載されているため、世界中で最も稼働実績のあるプログラミング言語と言っていいかもしれません。

そのため、公開されてから現在に至るまで定期的なメンテナンスが行われていて安全性には一定の信頼が置かれていました。しかし、2014年に「シェルショック」と呼ばれる影響の大きい脆弱性が発見され、世界中に大きな衝撃を与えました。すぐに修正パッチが配布されましたが、この脆弱性は遠隔地からコマンドの実行を許してしまう危険なものでした。

コード　Bash（Shell Script）の Fizzbuzz

Bash で FizzBuzz 問題を解くプログラムです。Bashの独自性が色濃くでるコードです。

Bash の構文には「if .. fi」「case .. esac」など現在主流の多言語にない面白い命名が採用されています。ALGOL が似たような文法を採用しています。

▶ fizzbuzz.bash

```bash
#!/bin/bash
# FizzBuzzを返す関数を定義
fizzbuzz () {
  # if文で順次条件を判定
  if [[ 0 -eq "($1 % 3) + ($1 % 5)" ]]
  then
    echo "FizzBuzz"
  elif [[ 0 -eq "($1 % 3)" ]]
  then
    echo "Fizz"
  elif [[ 0 -eq "($1 % 5)" ]]
  then
    echo "Buzz"
  else
    echo "$1"
  fi
}

# 関数を繰り返し実行する
for i in {1..100};
do
  fizzbuzz $i
done
```

Bash で FizzBuzz 関数を定義します。関数の引数は、$1、$2、$3...に順に入ります。

if文で順次条件を判定していきます。

for文を利用して関数を呼び出します。

＊1　ただし、macOS Catalina 以降は zsh を標準シェルとしています。

Unix系シェル

Unix系のOSではコマンドラインを利用する場面が非常に多いのが特徴です。Unixの登場以来、さまざまシェルが開発されてきました。Bash以外の有名なシェルも覚えておいて損はありません。これらのシェルは一部互換性が担保されない部分もあります。

+1 Z Shell (zsh)— Bashと並ぶ人気のシェル

Z Shell[2]は、1990年にプリンストン大学の学生であったPaul Falstadによって開発されたBashと高い互換性を誇るシェルです。機能が豊富なシェルであるbash、ksh、tcshの優れた機能をおおかた持っています。優れた補完機能が最大の特徴で、コマンドのオプションや引数の入力で自動補完ができます。豊富なカスタマイズ機能も人気の理由です。Bashと並び近年人気の高いシェルで、macOS Catalina以降のデフォルトシェルとして採用されています。

+1 C Shell (csh)— Cの影響を受けたシェル

C Shellは、1970年代にBill Joyが開発したシェルです。Unixやその上で動作するプログラムが大部分C言語で書かれていることから、C ShellはC言語風のスタイルでコマンドを記述できることを重視し開発されました。ただし、あくまでも他のシェルと比べればC言語風というだけで、C言語とは互換性はありません。2BSDというBSD UNIXのリリースと共に広く配布されました。FreeBSDというOSではデフォルトシェルとしてBashではなくcshを改良したtcsh[3]が採用されています。

+1 KornShell (ksh)— 高機能シェルのさきがけ

KornShell[4]は1980年代にベル研究所のDavid G. Kornによって開発されました。Bourne Shellの上位互換を目指したものです。Bourne Shellの文法を踏襲しつつ、C Shellの便利な機能の多くも取り入れています。現在はBashやZ Shellに比べると用いられることは少なくなってきています。

+1 Bourne Shellや互換シェル

Bourne Shellはベル研究所で1970年代末ごろStephen R. Bourneによって開発されたシェルです。

BashはBourne Shellにかなり機能を追加していったため、Bourne Shellの直接の後継や互換シェルというよりも、強い影響下にある別のシェルという立ち位置に落ち着きました。そのため、Bashの流れとは別にBourne Shellとある程度の互換性をもった互換シェルも使われるようになります。互換シェルのうち有名なのはFreeBSDのshや、DebainのDash[5]です。

+1 Friendly Interactive shell (fish) — ユーザーフレンドリーなシェル

fish[6]は補完などに強みのあるシェルです。POSIX（Unix関連の標準仕様）非互換で文法が特徴的で、Bashとの互換性も高くありません。ただし、カラフルでWebブラウザから設定ができたり、プラグイン機構があるなど、今後楽しみなシェルです。

＊2 http://zsh.sourceforge.net/
＊3 https://www.freebsd.org/cgi/man.cgi?tcsh(1)
＊4 http://www.kornshell.org/
＊5 https://wiki.debian.org/Shell
＊6 https://fishshell.com/

▼ macOS のスクリプト言語

アップルスクリプト

AppleScript

容易度	★★★☆☆
将来性	★★☆☆☆
普及度	★★⯪☆☆
保守性	★★☆☆☆
中毒性	★★☆☆☆

開発者	分類	影響を受けた言語	影響を与えた言語
Apple	動的型付け、手続き型	HyperTalk、Objective-C	

Webサイト	https://developer.apple.com/library/archive/documentation/AppleScript/Conceptual/AppleScriptX/AppleScriptX.html

言語の特徴 | macOS の自動化担当

　AppleScript とは Apple による macOS 向けスクリプト言語です。macOS の 7 からあり、macOS の標準環境で利用できます。制御構文、変数、オブジェクトなどプログラミング言語の基本機能を備えています。バッチ処理、アプリ自動動作、ファイル処理、タスク実行、ワークフロー自動化が可能です。シェルスクリプトと比べると、macOS の GUI 操作などが得意です。

言語の歴史

　AppleScript の登場は 1993 年、Mac OS の System 7 から採用されています。macOS Yosemite からは自動化用途に JavaScript for Automation(JXA) も標準搭載されるようになりましたが、引き続き、利用できます。

活躍するシーン

スクリプト

　古くから Mac ユーザーに使われ、macOS の作業自動化で今も使われています。macOS でしか使えません。

コード | AppleScript の FizzBuzz

　AppleScript で FizzBuzz 問題を解くプログラムです。macOS に標準で付属しているスクリプトエディタを使って AppleScript を編集したり実行したりできます。

```
-- FizzBuzzを返す関数の定義    [FizzBuzzを返す関数を定義します。]
on fizzbuzz(i)
    if i mod 15 is 0 then
        return "FizzBuzz"
    else if i mod 3 is 0 then
        return "Fizz"
    else if i mod 5 is 0 then
        return "Buzz"
    else
        return i as string
    end if
end fizzbuzz

-- 100回fizzbuzz関数を呼び出す    [00回fizzbuzz関数を呼び出します。]
set res to ""
repeat with i from 1 to 100
    set res to res & fizzbuzz(i) & "\n"
end repeat
```

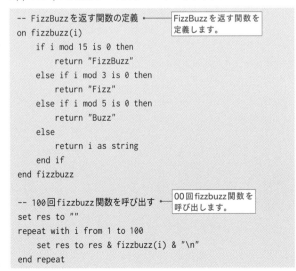

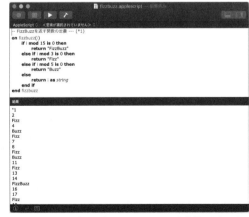

macOS のスクリプトエディタで AppleScript を実行したところ

ハスケル

Haskell

容易度	★★☆☆☆
将来性	★★☆☆☆
普及度	★★☆☆☆
保守性	★★☆☆☆
中毒性	★★★★☆

開発者	分類	影響を受けた言語	影響を与えた言語
Simon Peyton Jones（サイモン・ペイトン・ジョーンズ）他	静的型付け、関数型	Miranda	Factor、Scala、Swfit、Elm、Rust、Python、CoffeeScript、Haxe

Webサイト	https://www.haskell.org/

言語の特徴 強い型の機能を持つ関数型プログラミング言語

　Haskell は関数型言語の中で最も支持される言語の一つです。強力な型（静的型付け）、パターンマッチング、イミュータブル変数[*1]、高階関数、遅延評価などの強力あるいは独特な機能で知られています。Haskell 自体は仕様で、いくつか実装があります。実装の中では GHC（Glasgow Haskell Compiler）が最も利用されています。Haskell の名前は数学者であり論理学者である Haskell Curry（ハスケル・カリー）に由来しています。

Haskell は関数型言語の代表的な存在

Haskell は関数型プログラミング言語の中では最も人気が高いだろう。研究目的に利用されるが、実用的なアプリも多数開発されている。

＊1　再代入不可の変数。

言語の歴史

FPCA '87[*2]において、当時は商用ソフトウェアなどが中心だった遅延実行の純粋関数型言語について、オープン標準を作成すべきという合意がなされました。そこから1990年にHaskell 1.0の言語仕様が作成されます。1997年後半には基本ライブラリなどを追加したHaskell 98、2010年には他言語バインディング仕様などを追加したHaskell 2010が作成されます。言語仕様とは別にコンパイラの実装作業も進められました。代表的なのが1989年頃から開発の始まったGlasgo Haskell Compiler、GHCです。GHCは独自の機能拡張を加えつつ活発に開発されています。Haskellは複数人に開発されていますが、Simon Peyton JonesはGHCの開発やHaskellの仕様策定で活躍する中心的な人物の一人です。

活躍するシーン

`教育` `研究`

Haskellは、強力な型などの特徴的な機能から研究目的で利用されることが多いですが、実用的なアプリケーションも数多く開発されています。オープンソースソフトウェアの代表例に、ドキュメントコンバータのPandoc、GitHubが開発するソースコード解析ツールのSemanticなどがあります。汎用プログラミング言語なので、Webアプリケーションの開発などもこなせます。Yesodなどのフレームワークもありますが、ライバルも多くこの用途でそこまで人気があるわけではありません。

◎ GHC（Glasgow Haskell Compiler）

GHCはHaskellの主要な実装です。1989年にグラスゴー大学のKevin Hammondによって始められ、1991年に最初のベータ版が公開されました。Haskell 98とHaskell 2010の両方の標準に対応しています。GHC独自の機能拡張などもあります。

◎ 遅延評価

Haskellの特徴の一つが遅延評価です。これは、結果が必要になるまで、関数を実行しないという性質です。遅延評価は計算の効率化に役立ちます。また、無限長のデータを取り扱うこともできます。ただし、スペースリークというメモリリークのような状態を招きやすくなるなどデメリットもあり、また動作がわかりづらくなる原因でもあります。通常のプログラミング言語のような関数の評価（正格評価）も、GHCでは拡張で可能です。

◎ 純粋関数型言語

Haskellは純粋関数型言語です。純粋関数型言語とは、副作用を持たない（隔離する）プログラミング言語です。『副作用も持たない』とは、関数に同じ条件を与えれば必ず同じ結果が得られ、他のいかなる結果にも影響を受けず・与えないことを指します。例えば、「値を受け取って常にその倍数を返す」といった関数は副作用を持ちません。「値を受け取ってその倍数を返す、さらに倍数をファイルに書き込む」あるいは「外部のファイルの値を受け取って、その倍数を返す」といった関数は副作用を持ちます。こういった関数は外部の状態に依存するためです。こうした特徴からHaskellはCやJavaなどの主流言語とは異なる体験を持ちます。副作用を一切扱えないわけではなく、IOモナドという仕組みを利用することで副作用を持つ処理を記述できます。ただし、他の処理からは隔離されるなどの制約があります。

Column

関数型プログラミング言語は難解と言われています。確かに、広く利用されている手続き型のプログラミング言語とは多少毛色が異なります。しかし、関数型プログラミング言語を学べば、表現の幅を広げることができます。それによって、従来利用している手続き型のプログラミング言語でも、簡潔で説明的なコードを書くことができるようになります。多くのモダンな言語では、関数型言語に影響された機能改善などが取り入れられています。Haskellは簡単な言語ではありませんが、学ぶところが多いはずです。一度は挑戦したいです。

`コード` Haskell の FizzBuzz

Haskell で FizzBuzz 問題を解くプログラムです。

▶ fizzbuzz.hs

```
module Main where

-- プログラムの起点
main :: IO()
main = printAll $ map fizzBuzz [1..100]
    where
    printAll [] = return ()
    printAll (x:xs) = putStrLn x >> printAll xs

-- パターンマッチを使ったFizzBuzz
-- 3でも5でも割り切れるとき、3で割り切れるとき、5で割り切れるとき、それ以外で処理を分けている。
fizzBuzz :: Int -> String
fizzBuzz i =
    case (i `mod` 3, i `mod` 5) of
```

> プログラムはメイン関数から実行されます。ここでは、1から100までの値に対して、fizzBuzz関数を適用して表示します。

> FizzBuzz に応じた値を返す関数 fizzBuzz を定義しています。

＊2　Functional Programming Languages and Computer Architecture 関数型言語とコンピュータアーキテクチャ会議。

```
    (0,0) -> "FizzBuzz"
    (0,_) -> "Fizz"
    (_,0) -> "Buzz"
    otherwise -> show i
```

型のパワー

　Haskell は強力な型機能でも知られています。型推論だけでなく、ADTs（代数的データ型）や型クラスの存在などでプログラミング言語に強力な型の機能がほしいユーザーから支持を集めています。静的型付け言語の中でも Haskell は特に抜きん出た型の機能をもったプログラミング言語で、Scala などのプログラミング言語に影響を与えています。Rust や Kotlin の人気に伴い、静的型付け言語への注目が集まる中で評価が高まっています。Haskell は型について気をつかう必要がある言語なので、型同士を組み合わせる作業を型パズルと呼ぶことがあります。

Haskell の開発環境

　Haskell の開発環境としては GHC と cabal というツールも使われますが、GHC や cabal 他パッケージマネージャーやビルド環境などをまるまる組み込んだ stack（Haskell Tool Stack）*3 というツールが人気です。
　GHC と cabal の利用を効率化する ghcup*4 というツールも最近は使われてきています。

+1 Elm—Web フロントエンド × Haskell

　Elm*5 は JavaScript にコンパイルし、主に Web フロントエンドで動作させることを目的とした静的型付けのプログラミング言語（トランスパイル言語）です。Haskell から強い影響を受けており、型の記述などが似ています。下記は Elm で FizzBuzz し、HTML 上に表示するプログラムです。

```
import String                                              ▶ fizzbuzz.elm
import Html

main =
    Html.text "Hello!"

fizzBuzz : Int -> String
fizzBuzz i =
    case (modBy i 3, modBy i 5) of
        (0, 0) -> "FizzBuzz"
        (0, _) -> "Fizz"
        (_, 0) -> "Buzz"
        _ -> String.fromInt 100
```

　Haskell やそれに類する文法から JavaScript を出力する試みとしては、PureScript*6 や GHCJS*7 も知られます。

---

* 3　https://docs.haskellstack.org/en/stable/README/
* 4　https://www.haskell.org/ghcup/
* 5　https://elm-lang.org/
* 6　http://www.purescript.org/
* 7　https://github.com/ghcjs/ghcjs

▼ 関数型にオブジェクト指向の強みをプラス

オーキャムル

OCaml

容易度	★★★☆☆
将来性	★★★☆☆
普及度	★★☆☆☆
保守性	★★★☆☆
中毒性	★★★★☆

開発者	分類	影響を受けた言語	影響を与えた言語
INRIA	静的型付け、マルチパラダイム、関数型、オブジェクト指向	Caml、Standard ML	F#、Scala、Haxe、Rust

Webサイト	https://ocaml.org/

言語の特徴 オブジェクト指向を取り入れた高速な関数型プログラミング言語

　関数型言語のMLを祖先に持ち、MLの特徴にオブジェクト指向的要素が追加されたものがOCamlです。コンパイル言語であり高速に動作することが特徴です。CやC++と比べるとやや劣るものの、高速なプログラムを作成できます。関数型言語の中ではHaskellと並び、よく使われていて根強い人気があります。opamというパッケージマネージャーも提供しています。現代的な開発環境が整っており、広く使われています。

関数型にオブジェクト指向を取り込む

OCamlは関数型を中心にオブジェクト指向の長所も持つ言語。高速な実行速度も魅力の一つ。

言語の歴史

1970年代に、英国の計算機科学者のRobin Milner（ロビン・ミルナー）が証明システムのためのメタ言語（Meta Language）として関数型言語のMLを開発します。OCamlはMLの影響を強く受けたCamlという言語の後継として、1996年にフランスの国立研究所INRIA[1]によって開発されました。MLの子孫です。かつては、Objective Camlという名前でしたが、一般的には略してOCamlと呼ばれていました。2011年に正式にOCamlに改名されました。

◎ オブジェクト指向

OCamlはもともとObjective Camlという名前でした。その名の通り、オブジェクト指向を有する関数型言語です。クラスをclassキーワードで指定できるなど、わかりやすい文法を持っています。ただ、関数型の特徴が強く、関数型言語として見られる傾向が強いです。

◎ 型推論

OCamlの強力な機能として型推論があります。いくつかの静的型付けの言語では、プログラマーが型を宣言する必要があります。OCamlでは強力な型推論を有し、型を宣言しないままに書ける箇所が非常に多くあります。最近登場した言語は型推論を採用しているものも少なくありませんが、OCamlは非常に早くから実現しています。OCamlの型推論はとりわけ強力でほぼすべての型宣言を削除できますが、型があったほうがコードが読みやすい、コンパイラーによる最適化が期待できるといった理由から型をある程度は書く文化があります。型関連の機能は強力で、多相バリアントなどの特徴的な機能を有します。

 ## 活躍するシーン

[教育] [研究] [プログラミング言語] [金融]

関数型言語の中では、特に実用的なアプリケーションを作るのに使われています。高速フーリエ変換のライブラリFFTW、プログラミング言語のHaxeやRust[2]、FacebookのJavaScriptの静的型チェッカーのFlowなどもOCaml製です。プログラミング言語や関連ツールの作成に向いていることが伺えます。他にも金融系での活用も知られ、Jane Streetという金融企業はOCamlを全面的に利用し、ライブラリなどを公開している会社として有名です。汎用プログラミング言語なので、Webアプリケーション開発なども行えますが、事例は多くありません。

◎ ラクダ

OCamlのCamlはラクダ（camel）とつづりや音が似ています。そのためか、前身のCamlの頃から、ロゴにラクダが採用されています。なお、Perlでもラクダがマスコット的に用いられていますが、こちらは『プログラミングPerl』という書籍の表紙にラクダのイラストが用いられたことが背景にあり、OCamlとPelの間に特に関係はありません。

Column

OCamlとHaskellは現代の関数型プログラミング言語を代表する2つです。いずれもMLの影響下にあり、型関連の機能が充実した静的型付け言語です。Haskellは副作用の分離に熱心で、遅延評価を標準とするなどやや独特の考え方で構築されています。それと比較するとOCamlは副作用に比較的寛容で、正格評価[3]の言語で比較的親しみやすい特徴を持ちます。オブジェクト指向を有する点なども踏まえ、関数型プログラミング言語への初挑戦に向いているかもしれません。

[コード] OCaml の FizzBuzz

OCamlでFizzBuzz問題を解くプログラムです。OCamlの簡潔さがよく現れているプログラムとなっています。Haskellの例と同じようにパターンマッチングを用いています。

```
(* FizzBuzzを返す関数を定義 *)
let fizzbuzz i = match i mod 3, i mod 5 with
    0, 0 -> "FizzBuzz"
  | 0, _ -> "Fizz"
  | _, 0 -> "Buzz"
  | _    -> string_of_int i

(* 100回、fizzbuzzを呼び出す *)
let () =
  for i = 1 to 100 do print_endline @@ fizzbuzz i done
```

FizzBuzzの値を返す関数 fizzbuzz を定義します。ここでは、パターンマッチングを利用して、FizzBuzzの値を決定します。ここでは、3で割った余りと5で割った余りの二つの値の組み合わせを指定し、0か任意の値(_)かに合致する値を返します。

▶ fizzbuzz.ml

for式を利用して100回fizzbuzz関数を呼び出しています。

＊1　Institut National de Recherche en Informatique et en Automatique。
＊2　Rustは最初期のみ。現在、RustはRustで書かれています。
＊3　遅延評価とことなり、その場ですぐに評価（実行）すること。

+1 ML—OCamlにも影響大のML系言語の始祖

OCamlはMLという関数型言語に大きな影響を受けています。MLはエディンバラ大学で、計算機科学者のMilner氏を中心に1973年に開発されました。MLは先進的な機能を数多く持ち、関数型言語の発展に寄与し、多くの言語に影響を与えました。

MLは、Milner氏が再発見した、Hindley-Milner型推論という優れた型推論の方式を採用しています。この型推論を採用した後継の言語は静的型付けにもかかわらず、型をほとんど書かないでもプログラムを作成できます。MLの強い影響下にあるOCamlやStandarML、F#をML系言語と呼ぶことがあります。

+1 Standard ML—ML系言語の二大巨頭

MLの直接の後継をうたうのが、Standard MLです。略して、SMLと呼称されることもあります。ML系言語としてはOCamlに次ぐ人気があります。仕様に対し実装が複数あり、Standard ML of New Jersey[*4]やMLton[*5]が特に有名です。他には東北大学電気通信研究所のSML#[*6]などが国内では知られています。

+1 Reason—JavaScriptとOCamlが出会ったら

Reason（ReasonML）はOCamlとJavaScript双方のエコシステムで動作することを目指した、OCamlライクな文法を持つトランスパイル言語です。ReasonからOCaml（を介した実行ファイル）とJavaScriptに変換できます。ReasonからJavaScriptへの変換にはBuckleScript[*7]というツールを用います。Redexというパッケージマネージャーもあります。

OCamlに近い型のある文法でJavaScriptの既存エコシステムと親和性を保ちつつ開発できるのが強みです。主にWebフロントエンド開発を想定しています。

ReasonはFacebook製のプログラミング言語で、Facebook Messengerなどでも使われています。

FacebookはOCaml製のソフトウェアが多い[*8]ほか、Haskellをビジネスに活用している[*9]など関数型言語を実践的に用いている企業として知られます。

OCamlの不思議な記法

OCamlは比較的親しみやすい関数型言語ですが、よく用いるリスト（他言語の配列などに相当）の区切りが多言語のカンマではなく、なぜかセミコロンです。これは初めて見ると面食らうでしょう。OCamlはこの他の記号の使い方にも一部クセがあり、;;（セミコロンを連続2つ）を文の区切りに使ったり、@でリストを連結したりします。

```
[1; 2; 3]
```

---

*4 http://www.smlnj.org/
*5 http://mlton.org/
*6 https://www.pllab.riec.tohoku.ac.jp/smlsharp/ja/
*7 ReasonとOCamlをJavaScriptに変換できます。
*8 JavaScript型チェックのFlow、Hack/HHVMの一部など。
*9 https://engineering.fb.com/security/fighting-spam-with-haskell/

▼ 高負荷サービスで人気のスケールする並行処理指向の言語

アーラン

Erlang

容易度	★★☆☆☆
将来性	★★★☆☆
普及度	★★★☆☆
保守性	★★★★☆
中毒性	★★★☆☆

開発者	分類	影響を受けた言語	影響を与えた言語
Ericson、Joe Armstrong（ジョー・アームストロング）	動的型付け、並行、関数型	Prolog、Strand、Smalltalk	Scala、Clojure、Elixir

Webサイト	:	https://www.erlang.org/

言語の特徴 | 非常に優れたスケーラビリティと耐障害性で知られる

　Erlangは通信機器大手のEricsonがさまざまな電気通信プロジェクトの管理ソフトウェアを開発するために作成した言語です。並行処理に対して高い性能を誇り、アメリカ最大手チャットツールWhatsAppやLINEなどユーザー数の多い高負荷サービスで採用されています。Erlangには、通信関連で培われた障害耐性を高めるような機能が標準で備わっているのが特徴です。例えば、システム無停止でErlangのプログラムを変更するホットスワップの機能や、複雑なマルチプロセス／マルチスレッドに相当するプログラムを手軽に記述できる単純な並行性モデルを備えています。また、並行プロセス内で発生した障害を特定して処理できます。

　Erlangの並行性モデル実現には軽量プロセスという独自のプロセス機構が大きく寄与しています。軽量プロセスを大量に作成するプログラミングスタイルは独特のものです。

Erlangは大量のデータを高い耐障害性で処理する

Webを含めたネットワークの管理アプリでErlangの並行処理が実力を発揮する。

言語の歴史

Erlangは、1986年に、スウェーデンの通信機器大手Ericsonの技術者である Joe Armstrongによって開発されました。1998年にオープンソースになっています。通信は高い信頼性を求められる分野（電話交換システムなど）であるというニーズから生まれた言語です。

そのため「分散環境対応」、「高い耐障害性能」、「リアルタイム性」、「無停止稼働」などの特徴を備えていきます。こういった背景から通話など同時に発生する多数の処理を安全に処理できる、優れた並行処理が実装されています。ネットワークのサーバーアプリの開発にも優れています。TMobileなど世界中の名だたる企業によって採用され、用途は広がり続けています。

Erlang の名前の由来

数学者のAgner Erlangから名前をとって命名されました。また、開発会社の「Er(icson) lang(uage)」にも掛かっています。

Erlang/OTP

OTP (Open Telecom Platform) とはErlangの配布形式の1つで、Erlangの仮想マシンであるBEAMやコンパイラや静的解析ツールなどがまとまっています。一般にErlangといったときはOTPでの利用を想定しています。ErlangはJavaのようなバイトコードに変換後実行されることを見越した言語です。BEAMはJVMに相当します。

並行処理

Erlangの一番の魅力はパフォーマンスの良い並行処理です。並行並列処理の実装は一般的に複雑ですが、Erlangではメッセージの送受信によって平易に安全なプロセス間の通信を達成します。

 活躍するシーン

大規模アクセス **リアルタイム**

Erlangは通信プロジェクト管理のために生まれた言語です。Webを含めたネットワークに関係するのアプリ開発に使われています。2014年にはチャットアプリのWhatsAppやLINE、動画配信で有名なドワンゴなどがErlangを採用していることを表明しています。近年人気のソーシャルゲームでも並行処理の高さなどから注目されています。

Column

Erlangの特徴は、並行と分散プログラミングです。並行性に関して軽量なプロセス、プロセス間のメッセージ機構を備えています。Erlangの軽量プロセスはプログラミング言語側で用意した、OSのプロセスとは異なるものです。似たような機能にグリーンスレッドと呼ばれるものがあります。Erlangの軽量プロセスは、OSのネイティブなプロセスよりも軽量で、並行プログラミングを実現するために次々と軽量プロセスを作成することが前提のErlangにはマッチしています。また、並行性に関して、プロセスは他のプロセスからは分離されており、メモリ領域を他のプロセスと共有することがなく安全です。

コード Erlang の FizzBuzz

ErlangでFizzBuzz問題を解くプログラムです。かなり独特な文法でしょう。ここではパターンマッチを用いて各数字ごとに動作を変え、再帰と組み合わせています。

```
-module(fizzbuzz).
-export([exec/0]).

% 再帰的にFizzBuzzの値を返す関数を定義
fizzbuzz(0) -> ok; % 引数が0の時何もしない
fizzbuzz(N) ->
    fizzbuzz(N-1), % 再帰的にfizzbuzz関数を実行
    % FizzBuzzの値を判定して出力
    X = if
    N rem 15 == 0 -> "FizzBuzz";
    N rem  3 == 0 -> "Fizz";
    N rem  5 == 0 -> "Buzz";
    true          -> integer_to_list(N)
end,
    io:format("~s~n", [X]).

% fizzubuzz関数を引数100で呼び出す
exec() ->
    fizzbuzz(100).
```

▶ fizzbuzz.erl

> 再帰的にFizzBuzzの値を返す関数を定義します。

> erlangでは関数の引数にパターンマッチを指定できます。

> 引数にN-1を指定することで、再帰的に関数を呼び出します。

> if文でFizzBuzzの値を判定して値を出力します。

> fizzbuzz関数を引数100で呼び出します。fizzbuzz関数では再帰的に関数fizzbuzzを呼び出すため、結果的に1から100まで繰り返しFizzBuzzの値を出力できます。

▼ 並行処理が得意で耐障害性・高可用性のある言語

エリクサー

Elixir

容易度	★★★☆☆
将来性	★★★★☆
普及度	★★☆☆☆
保守性	★★★☆☆
中毒性	★★★☆☆

開発者	分類	影響を受けた言語	影響を与えた言語
Plataformatec、José Valim（ジョゼ・ヴァリム）	動的型付け、関数型、並行	Erlang、Ruby、Clojure	

Webサイト	https://elixir-lang.org/

言語の特徴 Erlangの良さをRubyに似た文法で味わう

　Elixirは、2012年に開発された、並行処理が得意な関数型プログラミング言語です。ElixirはErlangの仮想マシン（BEAM）上で動作するのが特徴の、Erlang派生ともいえる言語です。Erlangの長所である耐障害性、リアルタイム性、分散システムの特徴を活かしつつも、Rubyライクなより親しみやすい文法でプログラムを記述できます。Erlang/OTPは優れた言語でしたが文法が独特で敬遠されていた部分がありました。そこを突破できたため、Elixirは大きな人気を獲得します。

　Elixirはいくつかの意味を持つ単語ですが、おそらくはファンタジーで有名な万能薬からその名前が取られたと思われます。

Erlangを親しみやすくしたElixir

Elixir は Erlang の仮想マシン上で動くため、Erlang のメリットを活かしつつ、より親しみやすい

言語の歴史

Elixir は、José Valim によって 2012 年に開発されました。Elixir の文法が Ruby に似ているのは、開発者の Valim 氏が Ruby on Rails のコアチームのメンバーであることも関係しているでしょう。2016 年には日本でもプログラミング Elixir の本が発売されています。本の筆者は、Ruby 関連の書籍を執筆している Dave Thomas です[1]。

 活躍するシーン

大規模アクセス **リアルタイム**

Elixir は並行処理に優れた分散システム、リアルタイムシステムの開発に利用されています。大量のアクセスがあるサーバー、オンラインゲームなどで使われています。

◎ Erlang の仮想環境上で動く

Elixir は Erlang の仮想環境（BEAM）上で動作します。Erlang との連携も可能です。Erlang の仮想環境は既に動作が安定しており、多数の実績から人気があります。JVM 言語のようなものと考えるとわかりやすいでしょう。

◎ 並行処理

Elixir のメリットの一つが並行処理です。これも Erlang 由来の機能ですが、軽量のプロセスを大量に生成できます。これにより大量のアクセスに耐えられるサーバの開発に利用されます。

Column

Erlang も Elixir も共に他の関数型言語や Java などのオブジェクト指向言語とは異なる特徴を持ちます。特に Erlang は独特な文法を持ち、最初のうちはなかなか難しいでしょう。Elixir では関数型を標榜しつつ、Ruby に似た文法を採用しているため、比較的親しみやすさがあります。親しみやすい文法を活かしつつ、Erlang の強力で安定した仮想マシンを活かせるのが Elixir の最大のメリットです。

コード Elixir の FizzBuzz

Elixir で FizzBuzz 問題を解くプログラムです。Erlang と比べると親しみやすさを感じる文法です。

▶ fizzbuzz.exs

```
# モジュールを定義 ──── Elixir ではモジュールを手軽に定義することができます。
defmodule FizzBuzz do
  # FizzBuzz を返す関数を定義 ──── FizzBuzz を返す関数を定義します。ここでは、cond文を利用して一つずつ条件を確認していきます。
  def getValue(i) do
    cond do
      Integer.mod(i, 15) == 0 -> "FizzBuzz"
      Integer.mod(i, 3)  == 0 -> "Fizz"
      Integer.mod(i, 5)  == 0 -> "Buzz"
      :else                   -> i
    end
  end
end
# 100回繰り返す ──── for文を使って100回繰り返し FizzBuzz モジュールの getValue を呼び出します。
for i <- 1..100 do
  IO.puts FizzBuzz.getValue(i)
end
```

Phoenix フレームワーク

Elixir の人気を支える要素の1つが、フレームワーク Phoenix[2] です。Ruby on Rails に一定の影響を受けた Web フレームワークです。Phoenix は不死鳥を意味します。Elixir や Phoenix などのネーミングセンスもこの言語の文化と呼べるでしょう。

＊1 『プログラミング Elixir』 Dave Thomas 著　笹田耕一、鳥居雪訳 （2016）　オーム社　ISBN: 978-4-274-21915-3
＊2 https://www.phoenixframework.org/

▼ ANSIで標準化されている代表的なLisp

コモンリスプ

Common Lisp

容易度	★★☆☆☆
将来性	★★★☆☆
普及度	★★☆☆☆
保守性	★★★☆☆
中毒性	★★★★★

開発者	分類	影響を受けた言語	影響を与えた言語
ANSI X3J13委員会	動的型付け、マルチパラダイム、関数型、オブジェクト指向、メタプログラミング	LISP、Scheme	Clojure、Scheme

Webサイト	http://www.sbcl.org/ [*1]

言語の特徴	根強いファンが多く強力な代表的なLisp

　LISPは1950年代に登場した最も歴史ある関数型言語で、熱狂的なファンが多くいます。S式と呼ばれる()を中心においた特徴的な記法で知られます。Cなど現在主流の言語とは記法が異なります。

　Common Lispは数あるLisp方言（LISPに強い影響を受けた言語仕様）の中で、最も人気があるものでしょう。Common Lispはそのまま特定の処理系を指すのではなく、規格名です。規格に準じたさまざまな処理系があります。代表的な処理系には、SBCL、CLISP、Clozure CLなどがあります。Common Lispも他のLisp系言語と同じようにプログラムはS式で構成されます。マクロやリーダーマクロの機能により言語を拡張できる優れた拡張性が魅力です。

Common Lispは最も人気のあるLisp系言語の1つ

LISPの特徴的な文法はS式。Common LispもS式を用いて記述する。ANSIにより標準化されている。

＊1　代表的なCommon Lisp処理系SBCLへのリンク。

言語の歴史

 活躍するシーン

最初にLISPが登場したのは、1958年のことです。John McCarthyにより設計されました。現在広く使われているプログラミング言語の中では、FORTRANに次いで古い言語です。1950年代後半にLISPは人工知能研究[*2]で使われ普及します。そして、年月を経てLISPには多数の方言（派生）が存在するようになりました。1980年代から1990年代にかけて、多数のLisp方言を一つの言語に統合しようという努力が行われ、Common Lispが登場します。ANSIによって、1984年に第一版、1994年に第二版の仕様（ANSI INCITS X3.226-1994 R2004）が策定されました。以後、この仕様をもとに継続的にプログラムが開発されています。

教育

Common Lispは汎用言語なのでさまざまなジャンルで用いられます。コマンドラインツールやWebサービスの開発などにも用途が広がっています。無人深海調査機や、NASAの宇宙船自律制御システムなど信頼性が求められる用途でも使われています。1998年打ち上げのDeep Space 1という宇宙探査機もCommon Lispを採用しており、地上のテストで起こらなかった問題を宇宙でデバッグして修正した話は有名です。

Lispの二大方言

現在広く使われているLISPの子孫には、Common LispとSchemeの二系統が存在します。Common Lispの仕様は非常に大きく、それに対して、Schemeの仕様は小さいのが特徴です。Common LispとSchemeは一見すると同じプログラミング言語ですが、それぞれ独自に発展しています。Lispの方言といっても別言語であり、コードの互換性はありません。

S式

S式とはLISPで用いられるリスト構造の形式的な記述形式のことで、LISPとS式は密接に結びついています。S式は括弧、()を用いてリストを表現します。原則としてS式の組み合わせでプログラムが作成されるため、Common LispはじめLISP系のプログラミング言語では()だらけのソースコードになります。リストの中にリストを書くことで、複雑な構造を表現することができます。S式の評価順序は左から右、内側から外側へと実行されます。

マクロ

LISPのマクロは表面上関数と同じように使われますが、関数よりも強力です。マクロによって、ソースコードを変形し新たな構文を作ることができるのです。

Column

Common Lispは関数型のプログラミング言語ですが、HaskellやOCamlのようなML系言語とは性格が異なります。Comonn Lispはマクロをはじめとした柔軟さやS式による記述などに加え、こういった他の関数型言語と比較ができるという意味でも学習しがいのある言語です。

現状、Common LispはLispの中では実用的ではありますが、実務で使われる機会はそれほど多くありません。それでも、熱心なファンの多いLisp系の言語を学ぶことは大きな実りがあるでしょう。

コード Common LispのFizzBuzz

Common LispでFizzBuzz問題を解くプログラムです。()を使ったプログラムが特徴です。ここでは用いていませんが、CLOS（Common Lisp Object System）という機能を用いてオブジェクト指向言語としてプログラムを書くことも可能です。

▶ fizzbuzz.lisp

```
; FizzBuzzを返す関数を定義
(defun fizzbuzz(i)
  ; 順次判定していく
  (cond
    ((= 0 (mod i 15)) "FizzBuzz")
    ((= 0 (mod i  3)) "Fizz")
    ((= 0 (mod i  5)) "Buzz")
    (t (write-to-string i))))

; 100回繰り返す
(loop for i from 1 to 100 do
  (format t "~A~%" (fizzbuzz i)))
```

FizzBuzzの値を返す関数を定義します。

condを利用して順次条件を判定していきます。なお、「;」から改行までがコメントです。

loopを利用して100回fizzbuzz関数を呼び出します。formatを使うと、一定の書式にしたがって値を出力できます。

[*2] 現在の機械学習とは少々違うものです。

世界で最も有名なハッカー Paul Graham

Paul Graham（ポール・グラハム）は、Lisp で最も成功した人物の一人です。1995 年にユーザーがインターネットでストアを作成する Viaweb という Web アプリを Common Lisp で開発しました。1998 年 Viaweb は Yahoo! に買収され、Yahoo! Store となりました。その後、Y Combinator[3] を立ち上げるなど、ハッカー（プログラミングの達人）でありながらビジネス面で成功を続けています。

Graham 氏は自身の Web サイト[4]でエッセイを書いて人気を博しました。そのエッセイはまとめられ『ハッカーと画家[5]』として出版されています。Graham 氏はエッセイの中で「Lisp でソフトウェアを書けば、競争相手より速く機能を実装できる」と述べています。

+1 Arc/Anarki—Common Lisp の成功者 Paul Graham による新 Lisp

Arc[6]は Paul Graham と Robert Morris が開発した Lisp 方言です。Y Combinator の人気サイト Hacker News などで使用されています。Arc は本体の更新が活発ではないため、それをフォークした Anarki[7] という言語が代替として知られています。

+1 Clojure/Clojure Script—JVM と Lisp

Lisp に関わるハッカーのエッセイや話は面白い物が多く、Lisp の人気を支える一因といっていいかもしれません。Lisp 系の言語、Clojure 開発者の Rich Hickey（リッチ・ヒッキー）の話も面白く人気があります。シンプルさに触れた「Simple Made Easy」は人気のプレゼンテーションです。

Clojure[8]は、Java 仮想マシン、JVM 上で動作し、並行コンピューティングができる、Lisp 系の言語です。関数型プログラミング言語の影響を受けています。Lisp 系なので、当然プログラムは S 式で表現します。Clojure は強力なマクロ機構を持っているほか、洗練された設計で人気を集めます。Java のライブラリ資産や高速な JVM を Lisp から使える点も大きなメリットです。Clojure は動的型付けが基本ですが、core.typed という拡張を用いることで部分的に静的型付けを導入できます。

ClojureScript という JavaScript へのトランスパイル環境も存在します。

+1 Emacs Lisp— 強力な設定言語

Emacs Lisp[9]はもしかすると Common Lisp や Scheme よりも知られた Lisp 処理系かもしれません。Emacs Lisp は古くから人気のエディタ GNU Emacs の機能や設定の記述に用いられる Lisp です。Emacs を使いこなそうと思うと、Emacs Lisp の知識が重要なため、そういった背景から広く知られています。エディタの設定が活躍するシーンで、汎用的なプログラミング言語とはやや用途が異なります。Emacs の拡張機能を書くのに使われていて、熱心な Emacs ユーザーは習得している人が多いです。

似たようなプログラミング言語として Vim で使われる Vim script があります。

＊3　アメリカを代表するベンチャーキャピタルの 1 つ。
＊4　http://www.paulgraham.com/articles.html
＊5　『ハッカーと画家 コンピュータ時代の創造者たち』 Paul Graham 著 川合史朗訳（2005 年）オーム社 ISBN: 978-4-274-06597-2
＊6　http://www.paulgraham.com/arc.html
＊7　https://github.com/arclanguage/anarki
＊8　https://clojure.org/
＊9　https://www.gnu.org/software/emacs/manual/html_node/elisp/

▼ 古くから人気のある Lisp 方言の 1 つ

スキーム

Scheme

容易度	★★☆☆☆
将来性	★★★☆☆
普及度	★★☆☆☆
保守性	★★★☆☆
中毒性	★★★★★

開発者	分類	影響を受けた言語	影響を与えた言語
Gerald Jay Sussman（ジェラルド・J・サスマン）、Guy L. Steele Jr.（ガイ・L・スティールジュニア）	動的型付け、関数型、メタプログラミング	LISP、Common Lisp	Python、JavaScript、Rust、Lua、Common Lisp、R、Julia

Web サイト	: http://www.scheme-reports.org/

言語の特徴 | 根強いファンが多い　シンプルな言語仕様で多数の処理系が活躍

　Scheme は熱狂的なファンを持つ Lisp 方言の 1 つです。同じく、Lisp 方言の一つ Common Lisp と人気と実績で双璧を成しています。Scheme は仕様が比較的小さく、1975 年に登場してから現在まで非常に多くの処理系が存在します。仕様が簡潔なため、アプリを拡張するスクリプト言語[1] としても利用されます。関数の扱い方、ラムダ式や継続などのプログラミング手法は他のプログラミング言語に大きな影響を与えました。マクロも使えます。

シンプルな Lisp 系言語

Scheme のロゴマークは λ（ラムダ）。Scheme にも熱狂的なファンが多くいる。Common Lisp と比較したときに簡潔な仕様が特徴。

＊1　Gimp の Script-Fu など。

言語の歴史

1950年代に John McCarthy によって開発された LISP は、人工知能研究で利用されてきました。それからたくさんの LISP 処理系が開発され、Scheme もその方言の一つです。Scheme は MIT AI ラボにて、Guy L. Steele Jr. らによって、1975年に開発されました。Scheme の言語仕様は IEEE によって定められています。現在広く実装されているのは、1998年に策定された R5RS です。その後も、2007年に R6RS、2013年に R7RS が発表されています。

活躍するシーン

教育

Scheme はアプリの拡張用のスクリプト言語として人気です。画像編集・加工ソフトの GIMP には、Script-Fu という Scheme による処理自動化機能があります。あまりメジャーな用途ではないですが、映画ファイナルファンタジーで、3D レンダリングエンジンに、Scheme インタプリタが組み込まれ使われました。実用的なデスクトップソフトウェア、Unix 向け IME の uim などでも使われています。

古典的な教科書として知られる『計算機プログラムの構造と解釈（通称SICP）』[2] は Scheme を題材にしており、教育分野でも人気があります。

🔑 多様な処理系

Common Lisp と同じく多くの処理系を有します。有名な実装には、MIT/GNU Scheme、CHICKEN、日本出身の川合史郎によって開発された Gauche、JVM 向けの Kawa、GNU の公式拡張用言語（当初 Emacs Lisp の置き換えを想定）の GNU Guile など他にも多くのコンパイラが存在します。R7RS 準拠、R5RS 準拠などはまちまちです。

🔑 SRFI

仕様が大きな Common Lisp に対して、簡潔なのが Scheme です。その分、実装が乱立し、それぞれが独自に不足部分をライブラリで補うなど独自方式が成立してしまいます。そこで、移植性が問題になりました。これを解消するために SRFI (Scheme Requests for Implementation) [3] というライブラリなどの仕様が定められました。

🔑 λ (ラムダ /lambda) 式

普通、関数を呼び出すには関数名を指定します。しかし、一度だけ利用したい場合など、名前を付けずに関数の実体を利用したい場合があります。無名で使う関数（無名関数）を作るのが、Scheme の lambda 式です。利便性が高く他のプログラミング言語にも導入されています。

Column

Scheme の仕様書は、「Revised n Report on the Algorithmic Language Scheme（省略して RnRS、n はバージョン）」と呼ばれています。1998年に策定された R5RS が実用性とコンパクトさの維持で有名です。最新の R7RS は large/small の大きく分けて2つの仕様群からなります。

コード Scheme の FizzBuzz

Scheme(Gauche) で FizzBuzz 問題を解くプログラムです。再帰を利用して100回の繰り返し FizzBuzz の値を出力します。LISP 系言語では再帰は人気のあるテクニックです[4]。Common Lisp とは一見似ていますが互換性があるわけではありません。

▶ fizzbuzz.scm

FizzBuzz の値を返す関数を定義します。cond を利用して、次々と条件を分岐させていきます。

```scheme
; FizzBuzzの値を返す関数を定義
(define (fizzbuzz i)
  (cond
    ((= 0 (modulo i 15)) "FizzBuzz")
    ((= 0 (modulo i  3)) "Fizz")
    ((= 0 (modulo i  5)) "Buzz")
    (else i)))
```

ここでは、Scheme らしく再帰を利用して100回繰り返しを実行します。繰り返し回数を引数 i で利用します。fizzbuzz 関数を呼び出したら、引数に1を足して再帰的に関数 fizzbuzz_rec を呼び出します。

```scheme
; 再帰を使って100回繰り返す
(define (fizzbuzz_rec i)
  (if (<= i 100)
    (begin
      (print (fizzbuzz i))
      (fizzbuzz_rec (+ i 1)))))

(fizzbuzz_rec 1)
```

---

[2] 『計算機プログラムの構造と解釈 第2版』Gerald Jay Sussman、Harold Abelson、Julie Sussman著 和田英一監 (2014) 翔泳社 ISBN: 978-4-7981-3598-4

[3] https://srfi.schemers.org/

[4] 例では用いませんでしたが、Common Lisp でも再帰は使えます。

+1 Racket—Scheme派生の新言語

Schemeから派生したプログラミング言語にRacket（以前はPLT Schemeという名前だった）[5]があります。Racketは豊富なライブラリを持ち、パッケージマネージャーを標準で持つなど開発環境も整備されていて、手軽にプログラミングを始めることが可能です。Schemeよりも関数型プログラミング言語としての性質を強化し、教育用途を意識して開発されました。マルチプラットフォームに対応しています。言語的な特徴として、強力なマクロシステムと静的型付けの部分的な導入があげられます。Racketは動的型付け言語ですが、Typed Racketという言語拡張を持ち、部分的に静的型付けを導入できます。汎用的な用途で利用できます。タートルグラフィックス（お絵かき）的なツールも使えます。

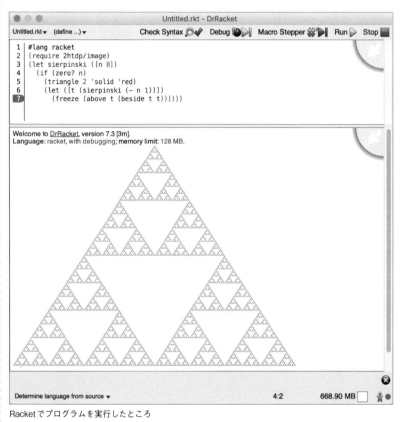

Racketでプログラムを実行したところ

＊5 https://racket-lang.org/

▼ 歴史ある論理プログラミング言語

プロログ
Prolog

容易度	★☆☆☆☆
将来性	★☆☆☆☆
普及度	★☆☆☆☆
保守性	★★☆☆☆
中毒性	★★★☆☆

開発者	分類	影響を受けた言語	影響を与えた言語
Alain Colmerauer （アラン・コルメロエ）	論理型		Erlang、ESP、 KL1、Mercury、Oz

Webサイト	https://www.swi-prolog.org/ [*1]

言語の特徴 | 1980年代に最盛期　AI研究のはしり

　Prologは非手続き型の論理プログラミング言語です。特徴的なジャンルの言語です。Prologという名前の由来は、フランス語のPROgrammation en LOGique（論理プログラミング）です。Prologにおいてプログラムは事実、規則、質問の三要素から成立します。事実と規則を入力しておくと、質問に対して答えを返すことができるという仕組みです。近年、IBM Watsonで一部利用されるなど再び注目が集まっています。

Prologは特殊な言語
論理をプログラミング

Prologは論理プログラミング言語という独特なもの。AI研究や論理学で利用される。

＊1　Prologの代表的な処理系、SWI-Prologのサイト。

言語の歴史

　1950年代以降、計算機上での定理証明の研究が活発になって、様々なアルゴリズムが考案されました。Prologは1972年にフランスのマルセイユ大学のAlain Colmerauerを中心に開発されました。1987年にISOにより標準化作業が行われ、1995年にISOの標準規格がISO/IEC 13211-1 Prolog-Part 1: General Coreとして制定されました。

🔑 570億円の国家予算とProlog

日本では、1982年にAIなどの研究プロジェクトとして『新世代コンピュータ技術開発機構（ICOT）』が発足し、総額約570億円の国家予算を約束されます。その中で、Prologを含む論理型言語は重要研究に位置づけられました。ICOTによって日本ではPrologがにわかに人気を得ますが、1998年にICOTが解散すると徐々に人気を失っていきます。

🔑 PrologやLispと人工知能（AI）

PrologやLispはAI向け言語として紹介されることがあります。これらは、Prologによるエキスパートシステム開発への期待、Lispによる初期の自然言語処理プログラムSHRDLUが注目を集めた点からくる評価です。ただ、PrologやLispによるAI開発は開発効率や精度の問題からそこまでの支持を集めず、現代のAIブームではPythonなどが用いられるようになりました。

 ## 活躍するシーン

研究

　Prologは論理学の研究などで用いられます。エキスパートシステム[*2]の研究が盛んだった1980年代には重宝されます。独特の強みを持つプログラミング言語なので、IBM Watsonや初期のPepper（ソフトバンクのロボット）など現代のプロダクトでも部分的に用いられます。Prologは古くからAIの文脈で名前も出てくることが多いですが、これは現在主流のPythonを中心としたディープラーニングなどの流れとは別のものです。

Column

　1970年代に開発されたPrologは1980年代末ごろまでは注目を集めました。しかしながら大きすぎた期待とのギャップから、1990年代後半ごろから人気が減っていきます。ただ、独特の機能は強力で現在まで根強く使われていて、AI関連のツールで補助的に利用されています。

コード　PrologのFizzBuz

　PrologでFizzBuzz問題を解くプログラムです。「%」から始まる部分はコメントです。FizzBuzzだとそこまで他のプログラミング言語との違いは明らかになりませんが、Prologはこういったルールに従う処理は得意です。

▶ fizzbuzz.prolog

```
% FizzBuzzの値を返す条件を定義 ← FizzBuzzの値を返す条件を定義します。
fizzbuzz(N) :-
  0 is N mod 3, 0 is N mod 5, write('FizzBuzz'), nl;
  0 is N mod 3, 0 <  N mod 5, write('Fizz'), nl;
  0 is N mod 5, 0 <  N mod 3, write('Buzz'), nl;
  0 <  N mod 3, 0 <  N mod 5, write(N), nl.

% 1から100を処理する ← fizzbuzzを1から100まで処理します。
?- forall(between(1, 100, I), fizzbuzz(I)).
```

Prologプログラムの独特の構成

　Prologのプログラムは条件（事実と規則）などを定義した後にそれについて問い合わせるという構成を取ります。上の例では「?-」以降が問い合わせ（質問）です。独特の構成からも明らかなように、Prologはまさしくパラダイムの違う言語なので、他言語の知識の援用で理解しようとすると難しいところもあるかもしれません。

＊2　医師の問診など専門家の知識をコンピューターとプログラムで代替しようという試み。

▼ 楽しく始めるビジュアルプログラミング言語

スクラッチ

Scratch

容易度	★★★★★
将来性	★★★☆☆
普及度	★★★☆☆
保守性	★☆☆☆☆
中毒性	★★☆☆☆

開発者	分類	影響を受けた言語	影響を与えた言語
MITメディアラボ　ライフロング・キンダーガーテン・グループ、Mitchel Resnick（ミチェル・レズニック）、John Maloney（ジョン・マロニー）	ビジュアル、イベント駆動、ブロックベース	Squeak Etoys、Smalltalk	

Webサイト	https://scratch.mit.edu/

言語の特徴 ブロックをつなぎ合わせてプログラムを作成する教育用言語

　Scratchは教育用のプログラミング言語です。主にマウス操作でブロックをつなぎ合わせることでプログラムを組み立てます。文字入力だけのプログラミング言語に比べて、処理を視覚的に操作・確認できるためビジュアルプログラミング言語と呼ばれます。主な対象ユーザーは、8才から16才の子供のユーザーですが、大人でもプログラミングに不慣れな人が入門しやすい言語です。プログラミング教育のために作られ、楽しくプログラミングが学べるよう設計されています。絵本のようなインタラクティブなプログラムや、ゲーム、アートなどを開発できます。それを実現するため、ペイントツール、サウンドエディタなどのツールも用意されています。

Scratchはマウスを中心に楽しく動かして学ぶ

Scratchは教育用で子供たちに大人気。ブロックをつなげてプログラムを開発する。

言語の歴史

Scratch は Alan Kay 中心に開発された Squeak Etoys の影響を受け、MIT メディアラボの Mitchel Resnick を中心にプロジェクトがスタートします。開発は Squeak Etoys の開発にも携わった John Maloney が先導します。

2006 年に Scratch は公開され、2013 年には Scratch2.0、2019 年には Scratch3.0 が公開されました。Scratch 3.0 は Web ブラウザでそのまま動作し、タブレットなどタッチパネル環境でも操作できるように配慮されています。

Scratch の特徴はブロック

Scratch ではブロックをつなぎ合わせてプログラムを作成します。変数、演算、命令に加えて、条件分岐や繰り返しなどフロー制御など様々なブロックが用意されています。マウス操作で手軽に追加削除できます。

スプライトでビジュアルを操作

操作対象のキャラクターをスプライトと呼びます。スプライトを動かしたり、見た目を変えたり、音を鳴らしたりと、楽しくスプライトを操作してプログラムを作成します。

コミュニティ機能

Scratch の楽しい機能の一つがコミュニティ機能です。他の人に自分の作品を共有したり、他の人の作った作品を元にして自分の作品を作ることができるリミックス機能もあります。

活躍するシーン

【教育】

Scratch は教育用のプログラミング言語です。ブロックのパレットからブロックを選んで、つなぎ合わせていくことでプログラムを開発できます。ユーザーは、シンプルなプログラムからゲームやアートなど楽しいプログラムまで何でも作れます。Web での公開も可能です。

Column

Scratch はマウス操作と簡単なキー入力だけでプログラムを作ることができます。ブロックは形によって、組み合わせが容易に分かるように工夫されており、基本さえ掴んでしまえば、誰でもプログラムを作ることができます。不正な組み合わせは元々作れない仕組みになっているため、初学者がつまずく文法エラーがないのがポイントです。

コード　Scratch の FizzBuzz

Scratch で FizzBuzz 問題を解くプログラムです。Scratch はコードを入力するのではなく、ブロックを組み合わせてプログラムを作成します。ここではプログラムを組み合わせたブロックを掲示しました。FizzBuzz の計算結果をリスト（結果リスト）に追加します。リストは実行後に保存することができます。

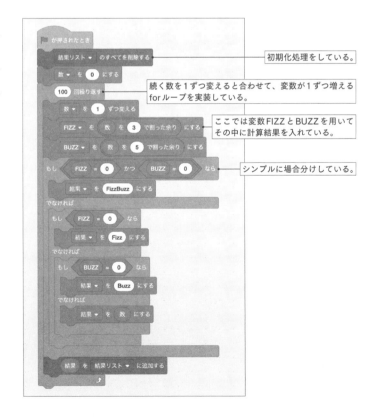

Viscuit—日本発のビジュアルプログラミング言語

Viscuit[1]は原田康徳（原田ハカセ）が開発した、日本発のビジュアルプログラミング言語です。メガネという仕組みでゲームや絵本を簡単に作成できます。子供向けのプログラミング教材として注目を集めています。

Column

● プログラミング教育で役立つ言語

2020年より小学校でプログラミング教育が必修化されました。プログラミング教育の目的は単純にプログラミングのスキルを身につけることではなく、論理的思考や創造性、問題解決能力の育成です。そうした目的に合致する言語して、ビジュアルプログラミング言語のScratchやViscuitなどが注目を集めています。視覚的なブロックを組み合わせることで、プログラムを完成させることができるので、楽しくプログラミングを学ぶことができます。

Scratchは、条件分岐や繰り返しをブロックを使って作っていくのに対して、Viscuitはアニメーションを作成するなかでプログラミングの要素を学んでいくというものになっています。

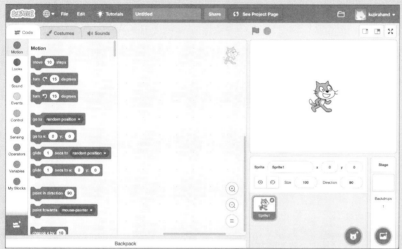

Scratchの操作画面

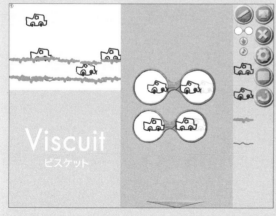

Viscuitを使っているところ

他にも、ビジュアルプログラミング言語ではありませんが、日本語の文章を書くようにプログラミングができる、日本語プログラミング言語なでしこやドリトルはプログラミング教育に使いやすい言語として、取り上げられることが増えています。

* 1 https://www.viscuit.com/

▼ オブジェクト指向プログラミングに多大な影響を与えた言語

スモールトーク
Smalltalk

容易度	★★☆☆☆
将来性	★★★☆☆
普及度	★☆☆☆☆
保守性	★★☆☆☆
中毒性	★★★★☆

開発者	分類	影響を受けた言語	影響を与えた言語
Alan Kay（アラン・ケイ）、Dan Ingalls（ダン・インガルス）、Adele Goldberg（アデル・ゴールドバーグ）	動的型付け、オブジェクト指向	LISP、LOGO、Planner、META II、Flex	Objective-C、Ruby、Java、Scala、Groovy、Erlang、Scratch

Webサイト	: https://squeak.org/ [*1]

言語の特徴 | Alan Kay が手掛けた「メッセージング指向」のオブジェクト指向言語

　Smalltalk は Alan Kay が開発を主導した、「メッセージング」というアイデアが特徴のオブジェクト指向プログラミング言語です。Smalltalk によって記述構築された開発環境もあり、言語と環境をまとめて Smalltalk と呼ぶこともあります。ゼロックスのパロアルト研究所（PARC）で 1970 年代から開発開始され、1983 年には「Smalltalk-80」が公開され利用が広まりました。

Smalltalk の処理系

　Smalltalk には複数の実装があります。VisualWorks、Apple Smalltalk、Squeak、Pharo などが知られます。Squeak は Smalltalk-80 v1 をベースにオープンソースで開発され、高い移植性が特徴です。Squeak によって開発された Squeak Etoys はタイルを利用してプログラムを作るビジュアルプログラミング言語の1つです。

　現在最も開発が活発に行われ、使われている処理系は、Pharo [*2] でしょう。Pharo はもとは Squeak から分岐したもので、より活発な開発を志して生まれました。

パーソナルコンピューターの父 Alan Kay

　Smalltalk を開発した Kay 氏は、米国の計算機科学者です。「未来を予測する最善の方法は、それを発明することだ」など多くの警句、名言で知られます。

　1968 年、理想的なコンピューターコンセプトとしての『Dynabook 構想』を発表したことで有名です。これは、巨大、高価、複数人で共有が当然だった 1960 年代のコンピューター観に対して、個人が比較的安価に購入して持ち運び利用できる「パーソナルコンピューター」を提唱するものです。

　1970 年、Kay 氏は PARC に参加します。Dynabook 構想を実現するために、パーソナルコンピューターの原型となる「Alto」とそのプログラミング環境「Smalltalk」を開発しました。PARC を見学した Steve

---

＊1　Smalltalk の代表的な処理系の Squeak の Web サイト
＊2　https://pharo.org/

Jobs は、これらの Kay 氏が中心となった「Alto」「Smalltalk」に大きく触発され、Macintosh 開発に至ります。また Windows もこれらの Alan Kay プロダクトに影響を受けています。こういった経緯から、Alan Kay は「パーソナルコンピューターの父」と呼ばれ、多大な尊敬を集めています。

　Kay 氏は 2006 年に Ruby 開発者のまつもと氏と会食した際に、それぞれ別の文脈ですが「Smalltalk はもう死んだ言語だ」とか「Ruby が好きだ」などと語ったそうです[*3]。もちろん Smalltalk は現在でもファンの多いすばらしい言語ですが、Kay 氏自身は未来志向で次々に新しいことを思いつくため、過去の言語にあまりこだわりがないということでしょう。Kay 氏は現在も教育分野などで研究を続けています。

コード Smalltalk（Pharo）の FizzBuzz

　Pharo で FizzBuzz 問題を解くプログラムです。Pharo は GUI の開発環境も含んでいるので、ここでは実行環境である GUI の画面も含んで表示しています。文法的にはかなり独特です、ここでは 1 から 100 まで繰り返して、分類するルールを適用しています。

```
(1 to: 100)
  collect: [:c |
    ({15->'FizzBuzz'. 5->'Buzz'. 3->'Fizz'. 1->c}
      detect: [:aRule | c isDivisibleBy: aRule key ]) value
  ]
```

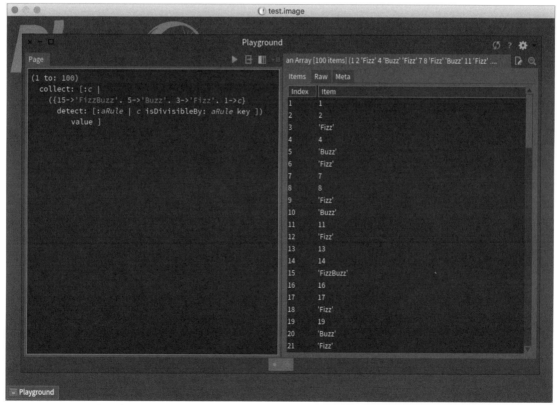

Pharo で FizzBuzz 問題を解くプログラムを実行したところ

＊3　https://matz.rubyist.net/20060608.html#p01

▼ 初心者からプロまで幅広く人気の言語

ベーシック

BASIC

容易度	★★★★★
将来性	★★☆☆☆
普及度	★★★★☆
保守性	★★★☆☆
中毒性	★★★☆☆

開発者	分類	影響を受けた言語	影響を与えた言語
John George Kemeny（ジョン・ジョージ・ケメニー）、Thomas Eugene Kurtz（トーマス・ユージン・カーツ）	手続き型	FORTRAN	Visual Basic、VBA、なでしこ、Perl、HSP
Webサイト ： https://www.dartmouth.edu/basicfifty/ [*1]			

言語の特徴 ホビーユーザーからプロまで幅広いユーザーに愛される

　BASIC は 1970 年代末以降の 8 ビットパソコンなどでよく利用されたプログラミング言語です。現在まで後継や派生と呼べる言語が現役で、初心者でも親しみやすく容易に扱えるため、今でもプロ・アマを問わず人気があります。最初からパソコンに搭載されていた時期もあり、電源を入れると BASIC のシェル環境が起動するパソコンもありました。実装が容易なことから、現在でも様々な環境で動く処理系があります。90 年代に Full BASIC として規格化されています。ただし、歴史が長いため、規格外の様々な BASIC が存在します。Microsoft の Visual Basic もその一つです。

BASIC は古くから愛されて今も生きる

規格化された BASIC はあるが、様々な種類の独自 BASIC があり、いろいろな環境で動く。各 BASIC にファンが居る。

＊1　ダートマス大学の BASIC50 周年記念サイト。

言語の歴史

BASIC言語の歴史は古く、1964年、米国ダートマス大学で数学者のJohn G. KemenyとThomas E. Kurtzによって開発されました。当時は教育用として開発されました。1970年代にかけて、8ビットCPUを搭載した安価なパソコンが登場しましたが、その上でTiny BASICを動かすことが流行しました。2Kバイト程度で動くTiny BASICは当時書籍や雑誌にソースコードが掲載されました。1975年には、MicrosoftからAltair BASICが販売されました。その成功の後、1980年代までMicrosoft BASICが様々なパソコンに搭載されました。その後、MicrosoftはQuickBASIC、Visual Basicを販売しました。

活躍するシーン

ホビー　事務処理

BASICはもともと初心者向けのプログラミング言語として人気を博しました[2]。ゲームなどホビー用途の開発から実用アプリの開発まで様々な場面で利用されます。MicrosoftのExcelなどOfficeシリーズに搭載されているマクロのVBAなどもBASICであり、アプリを補助するマクロ言語としても利用されます。

古いBASICと行番号

1980年代中旬以前の古いタイプのBASICでは、各行の行頭に行番号を記述する必要がありました。プログラムの動作を変えるGOTO文の飛び先に行番号を指定していました。GOTO文を多用するこのスタイルは『スパゲッティプログラム』と呼ばれ、プログラムの動作確認が困難で、批判されました。

Full BASICと規格化

1970年代後半から、ダートマスBASICやTrue BASICなどは、積極的に構造化を取り入れていました。Full BASICはそうした流れを受けて、1990年代初頭に、ISO/IEC 10279、JIS X 3003-1993として規格化されました。規格に沿った実際の製品としては、True BASICや十進BASIC、Ultra BASICなどがあります。

Column

BASICは初心者向けの言語であり、今でも多くの人から親しまれています。1970年代後半からホビーパソコンの普及と共にBASICは普及しました。ゲームから実用アプリの開発まで、様々な用途で使われました。最近では以前ほど使われていませんが、人気のプログラミング言語ランキングでも、BASICの後継であるVisual Basicは常に上位に入っています。

Microsoft系のBASIC

1970年代末からMicrosoftのBASICは多くの端末に標準搭載されました。後述しますが、日本で発売された8ビット・16ビットパソコンには、MicrosoftのBASICやそれをベースとしてものが搭載されました。今でも、Windowsには標準でVBScriptが搭載されており、MicrosoftとBASICのつながりを垣間見ることがでいます。

コード　BASICのFizzBuzz

古いタイプのBASICでFizzBuzz問題を解くプログラムです。ここではオープンソースのgobasic[3]を用いました。BASICの後継ともいえるVisual Basicなどと比べてみると良いでしょう。ここでは各行に行番号を振っています。一部のBASICは行頭に番号を降ることで命令の区切りを示します。この行番号はgotoでジャンプする際のラベルとしても使えます。現代的なBASICでは行番号を用いなくても記述できることが多く、gobasicでも行番号の記述は必須ではありません。

```
10 REM 100回繰り返す ──────────── [FOR .. NEXT文を使って100回繰り返します]
20 FOR I=1 TO 100
30 M=I
31 REM 条件を次々と判定 ─────────── [IF文でFizzBuzzの条件を次々と判定していきます]
40 IF(I % 3) = 0 THEN M="Fizz"
50 IF(I % 5) = 0 THEN M="Buzz"
60 IF(I % 15) = 0 THEN M="FizzBuzz"
70 PRINT M, "\n"
80 NEXT I
```

▶ fizzbuzz.bas

----

*2　BASICはBeginners' All-purpose Symbolic Instruction Code（初心者のための汎用記号命令コード）の略で初心者向けを強く意識した言語です。

*3　https://github.com/skx/gobasic

BASIC ファミリー

BASICは先述のように、いくつもの派生が存在します。Windows以前のホビーパソコン[*4]ではBASICが搭載されていることが非常に多く、有志によるプログラムの開発や公開が活発に行われていました。派生BASICはホビーパソコンを制作するメーカーが独自に開発したものも数多くあります。

BASICはある種の文化としてWindows以前のパソコンの世界では広く愛されており、マイコンBASICマガジン（電波新聞社）などの専門雑誌も存在したほどです。

特に、MicrosoftのBASIC言語は今でも広く使われています。Windowsアプリの開発などに使われるVisual Basic、ExcelなどOfficeシリーズにマクロとして搭載されているVBA、Windowsのスクリプト言語のVBScript、.NETに対応したVisual Basic(.NET)と、今でも幅広くBASIC言語を展開しています。本書では、これらのBASICについて別の項で解説しています。

+1 F-BASIC—FMシリーズのBASIC

F-BASICとは富士通のFMシリーズに搭載されたBASICです。1981年に発売した8ビットパソコンのFM-8、翌年発売のFM-77、1989年に発売したFM-TOWNSなどに搭載されています。Microsoft系BASICの影響を受けていました。画面描画を行う命令や音楽演奏を命令を持っており、ゲームなどを手軽に作ることができました。Windowsに対応したF-BASICも開発されました。2006年に販売は終了しましたが、長年に渡って多くのユーザーに愛されました。

+1 MSX-BASIC—MSXシリーズのBASIC

MSX-BASICとは、MSXパソコンに搭載されたMicrosoft製のBASICです。MSXは1983年にMicrosoftとアスキーによって提唱された8ビット・16ビットパソコンの共通規格の名称です。パナソニックやソニーからMSXパソコンが発売されました。1986年にはシリーズの総出荷台数が100万台を突破し、MSXは日本製で最も売れた8ビットパソコンとなりました。MSX-BASICは他のMicrosoft製BASICと基本的に同じ文法を持っており、画面描画や音楽再生の命令を持っていました。MSXを起動すると、MSX-BASICがROMから起動する仕組みになっていました。

+1 N88-BASIC—PC-8800で有名なBASIC

N88-BASICとは、NECのPC-8800シリーズ（1981年）とPC-9800シリーズ（1982年）に搭載されたBASIC言語です。パソコンを起動すると、ROMから自動でN88-BASICが起動するものでした。なお、PC-8800シリーズに搭載されたN88-BASICは、MicrosoftとNECの共同開発でしたが、PC-9800シリーズに搭載されたN88-BASIC(86)はNECが互換性を持たせつつ自社開発したものでした。

+1 ActiveBasic—Windowsでも動くBASIC

ActiveBasicは1999年に、山本大祐氏が開発したBASIC言語です。Window上で動作するN88-BASIC互換の言語で、フリーソフトです。N88-BASICのエミュレータに留まらず、Windowsネイティブアプリの開発が可能で、64ビットコンパイラが搭載されています。

＊4　当時はマイコンとも呼称された。

▼ 1959年に開発された事務処理用の言語

コボル
COBOL

容易度	★★★☆☆
将来性	★✦☆☆☆
普及度	★★★☆☆
保守性	★★★★☆
中毒性	★★☆☆☆

開発者	分類	影響を受けた言語	影響を与えた言語
CODASYL、Grace Hopper（グレース・ホッパー）	静的型付け、手続き型		PL/I、CobolScript

Webサイト	https://www.iso.org/standard/51416.html [*1]

言語の特徴 事務処理に特化した言語 長年使われてきた

　COBOLは歴史ある事務処理用のプログラミング言語です。1959年に開発されてから、世界中の企業、政府機関で使われてきました。日本でも今なお多く利用されています。標準化されており、1985年には構造化プログラミング、2003年にはオブジェクト指向の対応などの改正が行われています。COBOLには様々な処理系が存在します。文法は、自然言語の英語に近い記述が可能で、記述はやや冗長ながら可読性が高いのが特徴です。モダンな言語と比べると論理制御は貧弱であるものの、文字列処理や帳票、画面編集などの事務処理機能が豊富です。新規に採用される機会は少ないですが、既に広範に使われており保守目的の業務は今後もあります。

COBOLは歴史ある言語
COBOLは今も世界中の企業や政府機関で利用されている。

＊1　COBOL 2014の規格ページ。

1950年代、事務処理に使われていたプログラミング言語は、メーカー毎に異なっていました。そこで、アメリカ国防総省は、CODASYL（データシステムズ言語協議会）を設立して、事務処理のためのプログラミング言語を統一するすべく1959年にCOBOLを開発しました。1960年に最初の仕様COBOL-60が承認されると、アメリカ政府の事務処理システムはすべてCOBOLで納品されるようになりました。そのため、COBOLは事務処理用言語として世界中で普及します。なお、CODASYLは1961年より1993年まで常時言語仕様の改訂を行っており、その成果を数年ごとにまとめて仕様書を発行していました。なお、ANSIやISOによるCOBOLの仕様策定は継続しています。

全世界で2400億行

2010年時点で、COBOL関連のサービスを提供するMicrofocus社の調査によると2400億行以上のCOBOLプログラムが現役で稼働しており、日々膨大な処理を行っているとのことです。最盛期の人気が伺いしれます。

日本国内でも多く使われている

日本国内でも、COBOLはかなり幅広く使われています。IPAのソフトウェア開発データ白書2018-2019（p.50）によれば、1472件のプロジェクトの開発言語の統計において、1位のJava（42.7%）に次いで、COBOLは2位（13.3%）でした。使われなくなりつつあるものの、まだまだシェアはあります。

会計処理が得意

COBOLは会計処理に関する計算能力が高いのが特徴です。最大18桁（何百兆）もの大きな桁の計算や、金利計算など小数点以下5桁、6桁まで正確に計算できます。他の言語では、別途ライブラリが必要な部分や最近まで実装されなかった機能が、COBOLなら早期から標準機能で実現できていました。

活躍するシーン

事務処理

COBOLは事務処理のために生まれた言語です。世界中の事務処理で利用されています。例えば、銀行や保険をはじめとする金融系のシステムでは今でもCOBOLが使われています。事務処理といっても、いわゆる現代の簡単に手元で行うExcel VBAによる効率化などとはやや趣が異なり、専門性の高い銀行業務などでの利用が中心です。また、現在主流のWebアプリケーション開発などは苦手です。

Column

かつては基本情報技術者試験に用いられるなど日本でも定番プログラミング言語の1つでしたが、現在では試験からは取り下げられていて、人気もゆるやかに下降傾向にあります。新規プロジェクトでCOBOLが採用されることは減り続けており、保守や改修が多くなってきています。COBOLは歴史ある言語で、徐々に置き換えとして期待できる言語が増えてきたため、現在ではやや時代遅れの言語と見なされつつあります。しかし、システムを長年稼働させてきた実績、現在でも世界中で膨大なCOBOLで書かれたプログラムが動いている事実は無視できません。既に動いているプログラムを別の言語で作り替えるコストは膨大なため、COBOLが完全になくなることはしばらくないでしょう。現状、COBOL環境を維持するためのサービスなども出てきており、まだまだ生き残る言語と言えそうです。

コード　COBOLのFizzBuzz

COBOLでFizzBuzz問題を解くプログラムです。なお、各行の最初の6桁は行番号でコメント行は7桁目に「*」を記述します。

```
000001* プログラムの定義部分
000002 IDENTIFICATION DIVISION.
000003 PROGRAM-ID.    FIZZ-BUZZ.
000004 DATA          DIVISION.
000005* 変数の定義
000006 WORKING-STORAGE SECTION.
000007 01 CNT PIC 999 VALUE 0.
000008 01 FIZZ PIC 99 VALUE 0.
000009 01 BUZZ PIC 99 VALUE 0.
000010* メインプログラム
000011 PROCEDURE DIVISION.
000012*    100回の繰り返し
000013    PERFORM 100 TIMES
000014        ADD 1 TO CNT
000015        COMPUTE FIZZ = FUNCTION MOD(CNT 3)
000016        COMPUTE BUZZ = FUNCTION MOD(CNT 5)
```

▶ fizzbuzz.cobol

COBOLでは必ずプログラムの先頭でプログラムの情報を記述する必要があります。

変数の定義を行います。ここで、PIC 999とは整数3桁の変数を宣言します。

ここから下がメインプログラムです。

PERFPRM文で100回の繰り返しを記述します。

```
000017*          次々と分岐させる ●───────────            IF文で順番に条件を分岐させます。
000018          IF FIZZ = 0 AND BUZZ = 0 THEN
000019              DISPLAY "FizzBuzz"
000020          ELSE IF FIZZ = 0 THEN
000021              DISPLAY "Fizz"
000022          ELSE IF BUZZ = 0 THEN
000023              DISPLAY "Buzz"
000024          ELSE
000025              DISPLAY CNT
000026          END-IF
000027      END-PERFORM.
000028 STOP RUN.
```

+1 PL/I―メインフレーム向けのパワフルな言語

　PL/I（ピーエルワン）はCOBOLとFORTRAN、ALGOLの影響を昇華したプログラミング言語です。COBOLやFORTRANよりも汎用的に使われることを目指し、IBMが開発を牽引し、1964年に公開されます。COBOLやFORTRANのおおよそ5～10年後に登場しています。野心的な言語でしたが、COBOLやFORTRANを置き換えるほどの人気は得られませんでした。言語仕様が複雑だった点、メインフレームから利用があまり広がらなかった点などが原因として考えられます。現在はメインフレームの保守以外で使われることはほとんどありません。

　IBMが自社プラットフォーム向けに開発した言語としては他にRPGなどがあります。RPGもIBMのメインフレーム（正確にはミッドレンジコンピューター）以外での利用はそこまで広がりませんでした。

メインフレーム

　メインフレーム（メインフレームコンピューター、汎用メインフレームや汎用機とも）は大型のコンピューターシステムです。1950年代末から1960年ごろから使われはじめ、現在でも用いられています。機器の信頼性が高いことが特徴とされ、主に大企業や大規模な官公庁のシステムなどで活躍します。使われる場面がやや限定的であるため、プログラミングに精通していてもメインフレームに関連したプログラムを作ったことがないという人もいるでしょう。

　メインフレーム中心のシステムを「汎用系」と呼ぶことがあります。それに対して現在主流のLinuxやWindowsと小型のサーバーを活用したシステムを「オープン系」と呼ぶことがあります。汎用系とそれ以外では技術の選定など異なる点が少なくなく、COBOLなどの言語は汎用系以外ではあまり用いられません。

　各社からメインフレーム製品が出ていますが、最初期から高いシェアを保ち続けるIBMがメインフレームの代表的な企業と考えていいでしょう。

なでしこ

容易度	★★★★★
将来性	★★☆☆☆
普及度	★☆☆☆☆
保守性	★★★☆☆
中毒性	★★☆☆☆

開発者	分類	影響を受けた言語	影響を与えた言語
クジラ飛行机	動的型付け、手続き型、日本語プログラミング言語、トランスパイル	ひまわり、BASIC、Perl	

Webサイト	https://nadesi.com/

言語の特徴 日本語ベースで書きやすい初心者向け実用言語

　なでしこは日本語をベースとしたプログラミング言語です。日本語を母国語としている人に向けて作成されました。プログラミング初心者や、学生、英語の苦手な人に使われています。もともと、前身のひまわりという言語の頃から事務の自動化を目標に開発されています。そのため、ファイル処理・画像処理・ネットワーク・Word/Excel連携・文字列処理など、日々の定型作業を自動化するための便利な命令を1000以上備えています。プログラミングの入門にも最適です。なでしこは事務処理に特化したv1とブラウザ上で実行できるv3の系統があります。v1はWindows向けですが、v3では、スマートフォンやタブレットでも動かせます。

なでしこではじめる日本語プログラミング

「なでしこで誰でも簡単プログラマー」が開発目標。日本語なので日本人にとって可読性が高いプログラムを記述できる。

言語の歴史

日本語プログラミングの歴史は意外と古いものです。1982年に発売されたぴゅう太には、日本語BASIC(G-BASIC)が搭載されていました。1983年には、ワープロ感覚で日本語でプログラミングができればという考えで開発された『和漢』が開発されます。1985年には、Forthの語順が日本語に近いことに注目した『Mind』が開発されます。そして、2000年には、TTSneo、プロデル、ひまわり、ドリトルなど、インタプリタ型の日本語プログラミング言語が次々とフリーソフトとして発表されます。なでしこは、2004年に公開され、その後も活発に開発が続けられています。2017年にはWebブラウザで動かせるv3が公開さました。

日本語プログラミング言語について

なでしこで書かれたプログラムのソースコードは可読性が高く、プログラマーでなくてもプログラムの意味を理解できます。英語圏の人から見たBASICが自然と読みやすいように、日本語話者にとってのなでしこは素直に読みやすい言語です。

なでしこv3

事務処理に特化して開発されたなでしこは、長らくWindows版のみが提供されていました。しかし、スマートフォンやタブレットなどでも動かしたいという要望が多く、なでしこv3が開発されました。v3はCoffeeScriptやTypeScriptのように、JavaScriptに変換されて実行される広義のaltJSです。

活躍するシーン

教育 **事務処理**

なでしこは主に教育と事務処理に用いられます。日本語をベースとしているため、（日本語話者には）プログラムが読みやすく、また書きやすいためプログラミング体験などに適しています。v1は定型処理の記述に特化した高機能な命令を多く備えているので、事務処理でも活躍します。v3はブラウザさえあればどこでも実行できるので、教育用途にはぴったりです。

なぜ事務処理に特化した命令が多いのか

なでしこは、オフィスの事務処理を自動化する目的で開発されています。プログラマーでない人でも、プログラムを書いて事務処理の自動化に役立てられることが目標となっています。

Column

歴史の項目で見たように、日本語プログラミングの歴史は長く、実はコンピューターにおける日本語入力の歴史とも重なっています。日本語プログラミング言語には、各言語それぞれに熱心なファンがいます。日本語で読めるというアドバンテージからプログラミングの入門用の言語としても期待されています。先駆けとなったMind、熱心に開発が続くプロデルやなでしこ、いずれの言語もトイ言語[*1]ではなく、十分に本格的な言語であり、これらを利用して多くのプロダクトが開発されています。

コード　なでしこのFizzBuzz

なでしこv3でFizzBuzz問題を解くプログラムです。予約語などを知らなくても何となく読める日本語プログラミング言語の良さを実感することができるでしょう。

▶ fizzbuzz.nako3

```
# FizzBuzzの値を返す関数
●(Nで)フィズバズ取得とは
    FIZZは、Nを3で割った余りが0と等しい。
    BUZZは、Nを5で割った余りが0と等しい。
    もし、FIZZ、かつ、BUZZならば、それは「FizzBuzz」。#もしはif
    違えば、もし、FIZZならば、それは「Fizz」。
    違えば、もし、BUZZならば、それは「Buzz」。
    違えば、それはN
ここまで

# 100回、FizzBuzz関数を呼ぶ
Nを1から100まで繰り返す
    Nでフィズバズ取得して表示。
ここまで。
```

FizzBuzzの値を返す関数『フィズバズ取得』を定義します。

if文に相当する『もし』文を利用して次々と条件を判定します。関数の戻り値は、変数「それ」に代入します。

『繰り返す』文を利用して100回処理を繰り返します。

---

*1　おもちゃのような使いみちのない言語。

▼ 日本発　ゲームやツールが手軽に作れる

エイチエスピー（ホットスーププロセッサー）

HSP(Hot Soup Processor)

容易度	★★★☆☆
将来性	★★☆☆☆
普及度	★☆☆☆☆
保守性	★★☆☆☆
中毒性	★★★☆☆

開発者	分類	影響を受けた言語	影響を与えた言語
おにたま	動的型付け、手続き型	BASIC、C言語	

Webサイト	http://hsp.tv/

言語の特徴 ｜ 個人向けゲーム開発などで人気のわかりやすい言語

　HSP（Hot Soup Processor）はゲームやツールが手軽に作れる主にWindows向けのプログラミング言語です。個人ゲーム開発などで古くから一定の人気があります。

　インタープリタで、手軽にアプリを開発できます。公式に『子供でも理解し易いプログラム言語』を掲げていて、日本語ドキュメントも整っているためプログラミング言語入門にも適しています。

　1996年にHSP 1.0が無料ソフトウェアとして一般に公開され、1997年にはWindows 95以降で動作するHSP2.0が登場し人気を博します。2005年にHSP3.0が公開されてから、HSP 3系の更新が続いています。現在はiOSやAndroid、HTML5やRaspberry Piのサポートなどが進められています。

　2005年には経済産業省が支援する「ITクラフトマンシップ・プロジェクト」にHSPを取り入れた教育・研修が採択されました。

コード ｜ HSP の FizzBuzz

　HSP で FizzBuzz 問題を解くプログラムです。文法は BASIC に近いことが見て取れます。HSP には開発環境が梱包されており、プログラムを記述してエディタからすぐにプログラムが実行できます。

▶ fizzbuzz.hsp

```
// コンソール版のHSPを使う    ← コンソール版のHSPを使うように指示します。
#runtime "hsp3cl"
    // 100回繰り返す          ← repeat文で100回繰り返します。ここでは、gosub
    repeat 100, 1                を利用してfizzbuzz以下を繰り返し呼び出します。
        gosub *fizzbuzz
    loop
    end

                              ← if文を利用して次々と条件
                                 を判定していきます。
*fizzbuzz
    // 次々と条件を判定する
    if cnt \ 15 = 0 {
        msg = "FizzBuzz"
    } else : if cnt\3 = 0 {
        msg = "Fizz"
    } else : if cnt\5 = 0 {
        msg += "Buzz"
    } else {
        msg = cnt
    }
    mes msg
    return
```

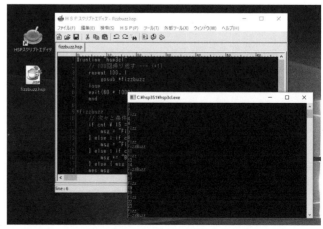

HSPのエディタでFizzBuzz問題のプログラムを実行したところ

アール
R

容易度	★★☆☆☆
将来性	★★★★☆
普及度	★★★☆☆
保守性	★★☆☆☆
中毒性	★★★★☆

開発者	分類	影響を受けた言語	影響を与えた言語
Ross Ihaka（ロス・イハカ）、Robert C. Gentleman（ロバート・C・ジェントルマン）	動的型付け、手続き型	S、Scheme	

Webサイト	https://www.r-project.org/

言語の特徴 | データ分析特化で人気の言語

　Rは1995年に公開された統計解析向けのプログラミング言語とその実行環境です。一般にR言語と呼称されます。オークランド大学のRoss IhakaとRobert C. Gentlemanにより開発されました。文法はAT&Tベル研究所が開発したS（S言語）を参考にし、そこにSchemeの優れた特徴を付け加えていくようなプロセスで作り出されています。

　「ベクトル処理」と呼ばれる実行機構により、データ集合を柔軟に処理できるよう工夫されています。統計処理に役立つ様々な機能を持っています。データのグラフ化、図解化の機能が豊富で、それらが高度かつ比較的使いやすいのが特徴です。グラフの画像を高品質で出力できるなど、学術論文などのニーズも理解した使いやすさがあります。

　データ分析に特化しており、ExcelファイルやCSVファイル、ODBCなどのデータベースなど、様々な入力ソースからデータを読み込むことができます。

R言語は統計解析向けの言語
さまざまな統計処理が簡単に実行でき、作図なども得意。

言語の歴史

　Ross Ihaka と Robert C. Gentleman はオークランド大学で統計の教育や研究を行っていました。二人はいずれも Scheme と S に詳しく、これらの言語の特徴を兼ね備えた言語を作ることになりました。オークランド大学では統計学の授業で使うためのソフトウェアを探しており、この二人の開発した R が採用されました。当初、二人は R を商用ソフトウェアとして売ろうと考えていましたが、それよりもフリーにして世界中の人に使ってもらいたいと考え直し、1995年にオープンソースの形で公開しました。2000年に v1.0 が公開されて以降、多くの人に使われています。

活躍するシーン

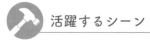

`データ分析` `統計`

　R は統計学の研究者（大学教授）により、統計向けに開発されていることから、統計関連の処理が得意です。そのため、データサイエンス、データ解析、AI 分野でよく使われています。Python と並びデータ分析では重宝される言語です。Web 開発向けの Shiny などのフレームワークも存在しますが、人気があるのはやはりデータ分析が中心です。

CRAN

CRAN (Comprehensive R Archive Network) とは、R で利用するさまざまなパッケージを管理し、ダウンロードできるサービスです。12000 を超える便利なパッケージが用意されています。Tidyverse などの人気ライブラリが知られます。

扱えるデータ量が多くExcelよりも便利!?

用途が違うので単純比較はできませんが、統計解析に特化した R は 150 万行のデータの読み込みにも対応しており、Excel よりも手軽かつ高速にデータ分析ができます。

R Markdown

R で様々なレポートを出力するのに便利なのが、R Markdown パッケージです。Markdown 形式のほか、Word、PDF、HTML などの形式で出力可能です。

強力なRStudio

RStudio は R の開発を行うための統合開発環境 (IDE) です。コーディングを補助する入力補完機能があったり、すぐにグラフを描画することができるので、非常に便利です。また画像ファイルへの書き出しも簡単です。

> **Column**
> 　R は統計解析に特化した言語です。他のプログラミング言語のような汎用性はありませんが、データ解析、データ分析に際しては他の言語の何倍も簡単に処理を記述できます。前述の通りさまざまなパッケージが用意されています。この分野においては、R と Python が他の言語よりも飛び抜けています。

`コード` **R の FizzBuzz**

　R で FizzBuzz 問題を解くプログラムです。プログラムの実行画面も入れています。

```
alist<-seq(100)
blist<-alist
blist[alist%%3==0]<-"Fizz"
blist[alist%%5==0]<-"Buzz"
blist[alist%%15==0]<-"FizzBuzz"
print(blist)
```

▶ fizzbuzz.r

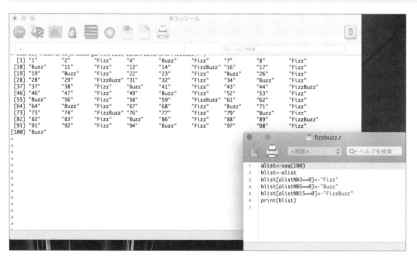

▼ 平易さと速度を両立した科学技術計算向け言語

ジュリア

Julia

容易度	★★★☆☆
将来性	★★★★☆
普及度	★☆☆☆☆
保守性	★★☆☆☆
中毒性	★★★☆☆

開発者	分類	影響を受けた言語	影響を与えた言語
Jeff Bezanson（ジェフ・ベザンソン）、Stefan Karpinski（ステファン・カルピニスキ）、Viral B. Shah（ヴィラル・B・シャー）、Alan Edelman（アラン・エデルマン）	動的型付け、手続き型	MATLAB、Scheme、Lisp、C言語、Python、Perl、Ruby	

Webサイト	:	https://julialang.org/

言語の特徴	動作が高速で科学技術計算にも人気

　Juliaはオープンソース、科学計算分野で利用することを目的とした処理速度の高速なプログラミング言語です。科学計算、機械学習、データマイニング、線形代数演算、分散・並行コンピューティングなどを実現するために開発されました。開発目標として、C言語の高速性、Rubyの動的さ、Lispのようなマクロ、MATLABのように分かりやすく数学を記述し、Pytonのように汎用的で、Rの統計処理、Perlの文字列処理などを兼ね備えていることを掲げました。かなり欲張りな言語です。

科学技術計算向けの高速なプログラミング言語

Juliaは科学技術計算のジャンルで新しく活躍するプログラミング言語を目指して開発された。

言語の歴史

Juliaは、2009年に開発が始まり、2012年2月にオープンソースとして公表されました。コンパイラフレームワークLLVMを用いることで、C/C++にも負けない速度で動作します。2018年8月にバージョン1.0が公開されました。パッケージマネージャーを備えるほか、メタプログラミング機能、C/Fortranコードの呼び出しによる科学技術計算との親和性向上など、一般的なものから学術的な要請に応えるものまで様々な機能が盛り込まれました。

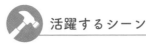
活躍するシーン

科学技術計算

新しい言語で、まだ採用事例は少ないですが、科学技術計算の分野で注目を集め始めています。ハイレベルなパフォーマンスが要求される場面でJuliaは実力を発揮します。多次元配列の扱いも得意なため、機械学習や統計でも使われるようになるかもしれません。現段階では、汎用的なプログラミング言語というより計算関連に特化した言語です。

科学技術計算処理

Juliaの特徴の一つが専門的な科学技術分野において、線形代数、数値解析、統計解析などの計算処理に特化していることです。計算処理を手軽に記述できるように設計されています。

動的言語の柔軟性に高速さを加える

JuliaはPythonやRubyのような動的な実行が可能な言語を目指して設計されています。動的言語の柔軟性がありながら、高速さを保てるのはJITコンパイルや動的型付け言語ながら型推論による最適化を図っていることなどによるものです。

LLVMの力

Juliaでは、コンパイラフレームワークのLLVMを利用していることも高速化に寄与しています。LLVMはC言語(Clang)やRustのバックエンドでも使われています。

Column

Juliaは簡易で平易な文法と高速さを併せ持つことで注目を集めました。まだ新しい言語なので、今後どうなるのか未知数なところではありますが、TIOBEのプログラミング言語ランキングでも、2018年8月に50位圏内にランクインし、2019年4月には40位になりました。今後に期待の言語です。

コード　Julia の FizzBuzz

JuliaでFizzBuzz問題を解くプログラムです。コンパイル言語ながら動的型付け言語の柔軟性を持っていることが、コード例から確認できます。

```julia
# FizzBuzzの値を返す関数を定義
function fizzbuzz(n)
  if n % 3 == 0 && n % 5 == 0
    return "FizzBuzz"
  elseif n % 3 == 0
    return "Fizz"
  elseif n % 5 == 0
    return "Buzz"
  else
    return n
  end
end

# 繰り返し関数を実行
for i = 1:100
  println(fizzbuzz(i))
end
```

> FizzBuzzの値を返す関数を定義します。if ... elseif .. end で次々と条件を判定します。で次々と条件を判定します。

▶ fizzbuzz.jl

> for構文を要してfizzbuzz関数を連続で呼び出します。

+1 MATLAB—数値計算の王道的ソフトウェア

MATLAB[1] は MathWork による商用の数値解析向けプログラミング言語およびその開発・実行環境です。MathWorks は MATLAB を販売するために立ち上がった企業で、1984年の創立と同年中に MATLAB を公表しました。

もともとはニューメキシコ大学の Cleve Moler が、Fortran などを覚えずとも簡単に数値計算を行うため開発しました。こういったバックグラウンドから、大学などで広く受け入れられ、大学などや研究所などの研究機関で高度な計算のために広く用いられています。

C言語やFortran、C++ などの競合と比較して手軽に扱えること、作図（グラフ作成やビジュアライズ）が得意なこと、標準で使いやすい開発環境（デスクトップ環境）があることなどが特徴です。

機能的にはかなり優れていますが、比較的高価なソフトウェアで、数値解析特化でそれ以外にはほとんど使えません。MATLAB が必須という環境でない限りはあまり触る機会はないでしょう。

+1 Octave (GNU Octave) —MATLAB代替として知られる言語

Octave[2] はフリーソフトウェアの数値解析向けのプログラミング言語です。MATLABとの互換性を意識して開発されていて、基本的な計算の他に作図機能なども備えています。有償の MATLAB に対して無料で利用できるため、Octave は MATLAB代替として使われることもあります。開発はフリーソフトウェア開発で広く知られる、GNU が担います。

MATLABと同じく数値解析に特化しているため、大学や研究所で主に用いられます。汎用的なプログラミング言語を学びたい場合はあまり適していません。

Octave による FizzBuzz を見てみましょう。用途が限定された言語ではありますが、文法自体は比較的平易で、書くのに難しいところはありません。

```
for i=1:100                            ▶ fizzbuzz-octave.m
    if(mod(i, 15) == 0)
        disp('FizzBuzz')
    elseif (mod(i, 3) == 0)
        disp('Fizz')
    elseif (mod(i, 5) == 0)
        disp('Buzz')
    else
        disp(i)
    endif
end
```

研究で人気のプログラミング言語

現時点では Julia や MATLAB は大学や研究機関での利用が中心です。プログラミング言語の中には特定の分野に特化し、用途が限定された物が多くあります。Julia はスタートは数値計算を重視したものでしたが、今後は汎用的な用途も見据えて開発されます。

＊1 https://jp.mathworks.com/products/matlab.html
＊2 https://www.gnu.org/software/octave/

アクションスクリプト

ActionScript

容易度	★★☆☆☆
将来性	★☆☆☆☆
普及度	★★★☆☆
保守性	★★☆☆☆
中毒性	★★☆☆☆

開発者	分類	影響を受けた言語	影響を与えた言語
Adobe	静的型付け、オブジェクト指向	JavaScript	Haxe

Webサイト :	https://help.adobe.com/ja_JP/FlashPlatform/reference/actionscript/3/

言語の特徴 | 一世を風靡したFlash向け言語

　ActionScript（AS）は、Webアニメーションやゲームなどの開発ツールAdobe Flashのためのスクリプト言語です。ActionScriptは、Flash内の各種オブジェクト（MovieClipなど）をプログラミングにより動かしたり、マウスやキーボードからの入力を受け付けたり、ゲームを作ったりするのに使われました。かつてはFlashと共に人気を博しました。

　2010年頃まではよく使われていましたが、HTML5の登場と共にFlashの衰退が始まり、近年忘れ去られつつあります。

 ## 言語の歴史

　1999年のFlash 4以前にもFlashにはスクリプト機能がありましたが簡易的なものでした。ActionScriptの登場は、2000年のFlash 5以降です。Action ScriptはFlashをWebアニメやゲームの開発プラットフォームとして強固なものにしました。Flashゲームなどの人気を支えます。

　ActionScriptには1、2、3と三つのバージョンがあります。特に注目したいのは、2006年に導入されたActionScript 3です。ECMAScript 4というかなり意欲的なJavaScriptの草案に準拠しました。ECMAScript 4はクラス定義などを取り入れ、大規模開発にも対応した強力なものでした。しかし、ECMAScript 4はブラウザベンダなどの同意が得られず破棄されます。こうして、ECMAScript 4はActionScriptでのみ利用され、JavaScriptとは断絶します。

コード | ActionScriptのFizzBuzz

　FizzBuzz問題を解くプログラムです。ここではMTASCというActionScript 2の互換コンパイラで動作したコードを掲載しています。

▶ fizzbuzz.as

```
class FizzBuzz {
  // FizzBuzzを返す関数を定義←
  static function fizzbuzz(n:Number): String {
    if (n % 3 == 0 && n % 5 == 0) return "FizzBuzz";
    if (n % 3 == 0) return "Fizz";
    if (n % 5 == 0) return "Buzz";
    return String(n);
  }
  // メイン関数←
  static function main() {
    // 100回fizzbuzz関数を呼び出す
    for (var i:Number = 1; i <= 100; i++) {
      trace(FizzBuzz.fizzbuzz(i));
    }
  }
}
```

> FizzBuzzを返す関数を定義します。条件を次々と判定します。

> 100回FizzBuzz関数を呼び出します。MTASCではクラスを定義し、そのmain関数からプログラムが実行されます。

▼ ゲーム開発に便利　複数の環境で動かせるユニークな言語

ヘックス
Haxe

容易度	★★★☆☆
将来性	★★☆☆☆
普及度	★☆☆☆☆
保守性	★★☆☆☆
中毒性	★★☆☆☆

開発者	分類	影響を受けた言語	影響を与えた言語
Nicolas Cannasse（ニコラス・キャナス）、Haxe Foundation	静的型付け、オブジェクト指向、トランスパイル、メタプログラミング	ActionScipt 3、OCaml、Haskell、JavaScript、Java	Dart

Web サイト	:	https://haxe.org/

言語の特徴 ┃ 1つのコードから数多くのプログラミング言語に変換

　Haxe は ActionScript の影響をもとに開発されたプログラミング言語で、ゲーム開発などで使われています。Haxe がユニークなのは、書いたプログラムを複数のターゲットへ変換できる点にあります。Adobe Flash 向けのバイナリ、Neko（独自 VM）バイナリ、JavaScript、ActionScript 3、C[1]、C++、C#、Java、PHP、Python、Lua のソースコードに変換できます。高度な型の機能を持っており、型推論やジェネリクス、パターンマッチングなどが使えます。また、マクロなどメタプログラミング機能も備えています。VS Code などの開発環境も用意されています。

Haxe は多様な言語に変換できる

Haxe で書いたプログラムは、複数のプログラミング言語のソースコードに変換できる。

＊1　HashLink という独自拡張

言語の歴史

Haxe は ActionScript のコンパイラーから生まれた言語です。フランスのブラウザゲーム開発会社の Motion Twin は、独自の ActionScript[2] コンパイラの MTASC を開発していました。MTASC の後継として、2005年に Nicolas Cannasse を中心に Haxe が開発され公開されました。翌2006年には JavaScript、2008年には PHP、2009年には C++、以後も言語が追加されていきトランスパイル言語としての地位を確立しました。2013年に Haxe 3、2019年に Haxe 4 がリリースされ順調に進化しています。当初「HaXe[3]」という表記を採用していました。

ActionScript 3 派生の静的型付け言語

Haxe の前身である MTASC は ActionScript のコンパイラでした。ActionScript は標準化が破棄された ECMAScript 4[5] を元にした言語です。間接的に ECMAScript 4 の影響下の言語とも言えます。静的型付き言語でクラスベースオブジェクト指向と Java に近い特徴を持ちます。

多数のゲームプラットフォームで利用できる

Haxe を利用して様々なゲームが開発されています。Windows/macOS などのネイティブ実行環境はもちろん、Android/iOS、ブラウザゲーム、PlayStation 4、Nintendo Switch、XBox One などで動作させるプログラムが作成できます[8]。

活躍するシーン

ゲーム開発

Haxe は複数のプラットフォーム、複数のプログラミング言語への変換（トランスパイル）が可能です。そのため Web アプリケーションなど様々な用途[4]に使えますが、一番人気のあるのはゲームでしょう。人気のインディーズゲーム「Papers, Please」や、国民的人気ゲームの「ポケットモンスター　ソード・シールド」の一部で Haxe が採用されています。

強力な静的型付け

Haxe は静的型付け言語としてかなり強力な機能を持っています。型推論で型記述の量をかなり減らせるだけでなく、GADT[6]や型によるパターンマッチング、ヌル安全性[7]などを持ちます。型については、静的型付け言語の Haskell や OCaml からの強い影響を感じさせます。

Column

Haxe は当初 Adobe Flash 向けのバイナリ作成に利用されていましたが、様々な環境への変換機能が追加されていきました。OpenFL[9] などのライブラリを用いることで、同一のプログラムから、Flash、HTML5、OS ネイティブと複数の環境で動くバイナリやソースコードを出力できます。Flash 廃止の流れもあり、Flash 代替で使われることもあります。

コード　Haxe の FizzBuzz

Haxe で FizzBuzz 問題を解くプログラムです。ActionScript 3 や Java に近い文法が伺えます。

▶ FizzBuzz.hx

Haxe では最初にクラスを定義します。クラスの中で最初に main() メソッドが実行されます。

for 構文を使って繰り返しを実行します。

FizzBuzz の条件に応じて値を返すメソッドを定義します。

```
// FizzBuzz クラスを定義
class FizzBuzz {
  static function main():Void {
    // 1 から 100 まで繰り返す
    for (i in 1...101) {
      var result = getNumber(i);
      trace(result);
    }
  }
  // FizzBuzz の条件によって返す関数
  static function getNumber(i:Int): String {
    if (isFizz(i) && isBuzz(i)) return "FizzBuzz";
    if (isFizz(i)) return "Fizz";
    if (isBuzz(i)) return "Buzz";
    return Std.string(i);
  }
  static function isFizz(i:Int):Bool return i % 3 == 0;
  static function isBuzz(i:Int):Bool return i % 5 == 0;
}
```

* 2　Adobe Flash 向けのプログラミング言語。
* 3　it has a X inside から。
* 4　JavaScript ライブラリの React を使うためのライブラリなどがあります。
* 5　ECMAScript は JavaScript の別名。ECMAScript 4 は JavaScript の採用されなかったお指す。
* 6　一般化代数的データ型。
* 7　Haxe 4 で実験的に採用。
* 8　一部のプラットフォームは個人向けには開発環境を公開していないこともあります。
* 9　Flash の代替といえる機能を一部持つライブラリ。

+1 Nim—Pythonのようなトランスパイル言語

　Haxeと同じく、多言語にトランスパイルするプログラミング言語として人気があるのがNim[*10]です。Pythonからの影響を感じさせるインデントベースを採用した、静的型付けのオブジェクト指向言語です。C、C++、JavaScriptに出力できます。2008年に登場し、現在も活発に開発されています。静的型付け言語ですが、型推論があるため、書きやすさを損ないません。言語のオーバーヘッドをなるべく減らすよう設計されており、書きやすい文法と高速な実行性能の両立が特徴です。

　HaxeやNimのようなトランスパイル言語は、実際の処理を他言語の処理系に任せられることが特徴です。この特徴によってCより書きやすい文法を持ちつつ、処理系のメリットを最大限享受できるプログラミング言語が作成できます。例えば、コンパイルをGCC/Clangなどに任せてCと同等の実行速度を持ちつつ、文法はより平易なものからトランスパイルするプログラミング言語が作れます。TypeScriptのようにブラウザ上で実行できる静的型付けプログラミング言語などを作成できるのも、この特徴によるものです。

　FizzBuzzのコード例を示します。Pythonに見た目はかなり似ています。

```
for i in countup(1, 100):
    if (i mod 3) == 0 and (i mod 5) == 0:
        echo("FizzBuzz")
    elif (i mod 3) == 0:
        echo("Fizz")
    elif (i mod 5) == 0:
        echo("Buzz")
    else:
        echo(i)
```

▶ fizzbuzz.nim

+1 Mint—ゲーム会社の内製プログラミング言語

　本書では基本的に仕様や実装がオープンソース、あるいは一般に利用できる形で公開されているプログラミング言語を取り上げています。ただ、世の中には個人・自社開発で自分たちのみの利用を想定し、公開されていないプログラミング言語も数多くあります。見聞を広めるため、そういった言語の中で、比較的資料が公開されている言語を1つ紹介します。

　Mint[*11]は日本のゲーム会社ハル研究所[*12]の制作したプログラミング言語です。ハル研究所のゲーム開発制作のために用いられているゲーム用プログラミング言語です。C++の影響下にある静的型付け言語で、仮想マシンとコンパイラの両実装を持ち、C/C++との相互運用性の高さなどが特徴です。詳細な仕様・実装は公開されていないため不明ですが、ゲーム開発のコンパイルなどの繰り返しの効率を高めるためと思われる機能が見え隠れします。

　すでに多くの優れたプログラミング言語が存在する現在、プログラミング言語の自作は一見すると割に合いませんが、ケースが明確だったり公開されている言語がニーズを満たさなかったりするときは考慮に値する選択肢です。

---

*10 https://nim-lang.org/
*11 https://www.hallab.co.jp/company/blog/detail/003062/
*12 https://www.hallab.co.jp/

ブレインファック
Brainfuck

容易度	★★★★★
将来性	★★★★★
普及度	★★★★★
保守性	★★★★★
中毒性	★★★★★

開発者	分類	影響を受けた言語	影響を与えた言語
Urban Müller	難解プログラミング言語、スタックマシン	P''	

Webサイト	https://esolangs.org/wiki/Brainfuck*1

言語の特徴 | 何が書いてあるかは誰にもわからない

　Brainfuckは、可読性が低く実用性がない難解プログラミング言語、ジョーク言語の一種です。8個の命令から構成されます。チューリング完全な極小のコンパイラ開発を目指して開発されました。開発者のUrban Müllerは1993年にこの言語を開発した際に、コンパイラのサイズは、123バイト、インタプリタは98バイトと発表しました。なお、8つの命令は、可読性のために選ばれたものであり、より難解にする、あるいは面白くすることを目指して、各命令を任意の文字に置き換えた派生言語がたくさん存在します。

チューリング完全

　チューリング完全はプログラミング言語のバックグラウンドにある理論の1つです。チューリング完全があるものはプログラムを書ける能力を持ちます。プログラミング言語はチューリング完全だと考えてください。チューリング完全を満たせば、とりあえず理論上はどんな種類のプログラムでも書けます*2。チューリング完全の背景には、Alan Turing（アラン・チューリング）が計算可能性のために設定したチューリングマシン、さらにあらゆるチューリングマシンの動作を再現できる万能チューリングマシンといった考え方があります。Brainfuckやその他の難読プログラミング言語も、チューリング完全を満たしているためにプログラムはできます。ただ、チューリング完全では記述の難易度や効率は関心の外です。

Brainfuckの持つ命令

　Brainfuckプログラムは、以下の8個の実行可能な命令から成り立っています。これらを組み合わせてプログラムを作ります。

>	ポインタをインクリメント
<	ポインタをデクリメント
+	ポインタが指す値をインクリメント

---

*1　難解プログラミング言語をまとめたWikiのBrainfuck記事。
*2　チューリング完全が考慮していない外部のファイルの読み書きなどの能力はここでは無視します。

-	ポインタが指す値をデクリメント
.	ポインタが指す値を出力に書き出す
,	入力から1バイト読み込んで、ポインタが指す先に代入
[	ポインタが指す値が0なら、対応する「]」の直後にジャンプ
]	ポインタが指す値が0でないなら、対応する「[」にジャンプ

コード **Brainfuckで読めないFizzBuzz**

Brainfuck で FizzBuzz 問題を解くプログラムです。8個の命令を組み合わせるだけなので可読性は最悪です。

```
++++++++++[>+++++++++<-]>++++++++++>->>>>>>>>>>>>>>>-->+++++++[->++
+++++++<]>[->+>+>+>+<<<<]+++>>+++>>>++++++++[-<++++<++++<++++<++++>>>]++++
+[-<++++<++++>>]>>-->++++++[->++++++++++++<]>[->+>+>+>+<<<<]++++++>>>++
++++>+++++>+++++++[-<++++<++++<++++<++++>>>]++++++[-<+++<+++<+++>>>]>>-->
---+[-<+]-<[+[->+]-<<->>>+>[-]++[-->++]-->+++[---++[--<++]---->-<+>[+
+++[----<++++]--[->]++[-->++]--<]>++[--+[-<+]->>[-]+++++[----<++++]-->[
->+<]>>[.>]++[->++]]-->+++]---+[-<+]->>-[+>>>+[-<+]->>>+++++++++<<[-
>+>-[>+>>]>[+[-<+>]>+>>]<<<<<<]>>[-]>>>++++++++++<[->-[>+>>]>[+[-<+>]>
+>>]<<<<<]>[-]>>[>++++++[-<++++++++>]<.<<+>+>[-]]<[<[->-<]+++++[->+++
+++++<]>.[-]]<<++++++[-<++++++++>]<.[-]<<[-<+>]+[-<+>>]+[-]<<<.>>>+[
-<+]-<<]
```

▶ fizzbuzz.brainf

+1 **Unlambda／Lazy K—関数型の難解プログラミング言語**

　難読プログラミング言語は数多くあります。Umlambda は、SKI コンビネーターという理論に基づく、ごく限られた組み込み関数のみを用いるプログラミング言語です。似たような言語には「ski」という3つの組み込み関数だけが用意された Lazy K などが存在します。いずれの言語も可読性はほぼ存在しません。

+1 **Piet—プログラミング画像？**

　Piet は画像（ビットマップ）をソースコードとして実行する難解プログラミング言語です。コンポジションなどの作品で有名な作家の Piet Mondrian（ピエト・モンドリアン）にインスパイアされました。ソースコードが画像なのでもはや言語ではないかもしれませんが、本書では便宜的に言語とします。20色の色を使ってソースコードを記述し、その色の違いなどで命令を記述します。

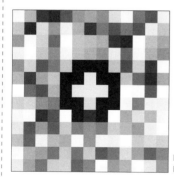

DM's Esoteric Programming Languages - Piet Samples
https://www.dangermouse.net/esoteric/piet/samples.
html の作例より引用。

▼ 目に見えない不思議なプログラミング言語

ホワイトスペース

Whitespace

開発者	分類	影響を受けた言語	影響を与えた言語
Edwin Brady（エドウィン・ブレイディ）、Chris Morris（クリス・モリス）	難解プログラミング言語、スタックマシン		

Webサイト	http://compsoc.dur.ac.uk/whitespace/

言語の特徴 「⠀⠀⠀⠀⠀⠀⠀⠀⠀⠀⠀」

Whitespaceは実用的な言語でなく、難解プログラミング言語、ジョーク言語の一つです。Whitespaceとは、「空白」を意味する単語です。この言語のソースコードは、スペース、タブ、改行の三文字だけで成り立っています。これらの文字は目に見えないため、一見するとプログラムであることが分からないことでしょう。

Whitespaceは、2003年4月1日にリリースされました。日付の通り、もともとエイプリルフールのジョークとして開発された言語でした。

Column

Whitespaceでは、スタックを操作する一通りの命令セットを持っており、それらを組み合わせることにより、本格的なプログラムを動かすことができます。プログラムは、次の命令セットで表現します。それぞれ、「IMP (Instruction Modification Parameter)」「コマンド」「パラメータ」から構成されます。

例えば、『[スペース][スペース]（数値）』を指定すると、特定の数値をスタックにプッシュします。このとき、数値は二進数で表現し、[スペース]が0、[タブ]が1、[改行]が終端記号のように表現します。また『[タブ][スペース][スペース][スペース]』を指定すると、スタック上にある二つを取り出して、足し合わせて、スタックにプッシュします。そして、『[タブ][改行]』を指定すると、スタックにある数値に相当する文字を出力します。

コード WhiteSpaceの無のFizzBuzz

Whitespaceで「Hello, World!」を出力するプログラムです。ただし、Whitespaceは目に見えないプログラムであり、読者の皆さんに誤植とおもわれてしまうので、スペースを「␣」、タブを「⟶」、改行を「⏎」として掲示します。

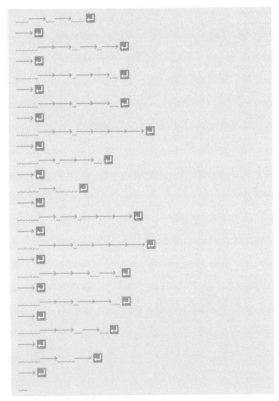

198

プログラミング言語と
その周辺の知識を
より深める

App. A
プログラミング言語と
関連する言語や記述形式

プログラミング言語ではないものの、プログラミング言語に関係する言語や記述形式は多数あります。ここでは、HTMLやMarkdownなどのマークアップ言語やJSONなどのデータ形式を紹介します。

+α HTML（エイチティーエムエル）

HTMLは、Webで使われるマークアップ言語です。HyperText Markup Languageの略で、日本語にすれば「ハイパーテキストの記述言語」となります。プログラミング言語とは違って、リンクや画像、見出しなど文書構造を記述するための言語です。**マークアップ**とは、記号などで意味づけした文書を記述することです。HTMLならばタグでマークアップします。

HTMLは様々なタグの組み合わせで構築されます。「<タグ>...</タグ>」あるいは「<タグ/>」のような形式となっています。例えば、見出し（ヘッドライン）であれば「<h1>タイトル</h1>」のように表現します。タグは入れ子上に配置することもできるので、複雑な文書構造も記述できます。

HTMLの歴史は1989年、CERNのTimothy "Tim" John Berners-Lee（ティム・バーナーズリー）が、World Wide Webの構成要素としてオリジナルのHTML（や多くの関連したプロトコルのHTTPなど）の提案をしたことに始まります。その後、1990年にHTMLは公式な仕様として定義されました。1996年からはW3Cによって、HTMLの仕様が標準化されており、2000年には国際標準（ISO/IEC 15445:2000）になりました。2014年にはW3CからHTML5が勧告されました。この勧告では、マルチメディアのための「audio」や「video」要素などが追加され、HTMLが大幅に強化、改善されました。HTMLの仕様は現在はWHATWG[1]という団体を中心に標準化が進められています。

HTML自体には、プログラミング言語の機能はありませんが、プログラミング言語のJavaScriptを埋め込んで、ページ構成を動的に変更できます。

```
<!DOCTYPE html>
<meta charset='utf-8'>
<!-- HTMLはさまざまなタグで構成される。一部のタグを省略した例。 -->
<title>私のホームページ</title>
<p>ようこそ。ここは私のホームページです。</p>
```

+α CSS（シーエスエス）

CSS（Cascading Style Sheets）はWeb上で使われるスタイルシート言語です。**スタイルシート言語**とは見た目を宣言、設定するための言語です。HTMLの要素をどのように装飾して表示するかを指示します。

HTMLの中で指定することもできますし、外部ファイルとして読み込ませることもできます。例えば、HTMLの見出し、h1タグの文字を赤色にしたい場合、「h1 { color: red; }」のように指定します。すると、HTML文書内のすべてh1タグの文字が赤色になります。もし、特定の要素に対して装飾を行いたい場合、HTMLタグのid属性やclass属性を付与します。そして、「h1#top { color: red; }」のように書くと、h1タグでid属性にtopが指定された要素に対して装飾が適用されるという具合です。

HTMLと同じく、W3Cによって仕様が勧告されています。CSSは1994年にHåkon Lie（ハコン・リー）によって提案され、1996年に最初の規格CSS1が勧告されました。2011年にはCSS2.1が勧告され、表示媒体によって自動的に異なるスタイルが適用されるようにするなど改訂が行われました。CSS3以降はCSS2.1を元にしつつ、各機能をモジュールごとに対応を選択できるようになっています。

＊1 https://whatwg.org/

```
/* CSSの例。対象の要素、プロパティ、プロパティの値を指定する。*/
body{
    font-family: sans;
}

h1{
    font-size: 1.2em;
}
```

+α XML（エックスエムエル）

XMLは、ソフトウェアの設定などに用いられるマークアップ言語、データ形式です。Extensible Markup Languageの略であり、JISでは「拡張可能なマーク付け言語」と定義されています。様々な形式のデータを記述可能で、汎用的なデータ形式として利用されます。RSSでデータ配信に用いたり、アプリケーションのGUI記述（XAML）に使われたりします。

HTMLと同じくW3Cによって仕様が策定・勧告されています。タグによってデータの構造を表現するのも同様です。HTMLとXMLはともにSGMLというマークアップ言語の影響下にあります。またXMLベースのHTML記述方法であるXHTML（Extensible HyperText Markup Language）という規格も存在します。XHTMLは近年ではあまり使われていません。

以下はXMLの用途の1つ。RSSの記述例です。

```
<?xml version="1.0" encoding="UTF-8" ?>
<rss version="2.0">
<channel>
<title>gihyo.jp：総合</title>
<link>https://gihyo.jp/</link>
<description>gihyo.jp（総合）の更新情報をお届けします</description>
<language>ja-jp</language>
<copyright>技術評論社 2020</copyright>
<lastBuildDate>Tue, 07 Jan 2020 20:22:00 +0900</lastBuildDate>
<image>
 <url>https://gihyo.jp/assets/templates/gihyojp2007/image/header_logo_gihyo.gif</url>
 <title>gihyo.jp</title>
 <link>https://gihyo.jp/</link>
</image>
...
```

+α JSON（ジェイソン）

JSONは、JavaScript Object Notationの略です。JavaScriptにおけるオブジェクトの表記法を元にした汎用的なデータ形式です[*2]。名前の由来にJavaScriptが入っていますが、JavaScript専用ではなく、様々なソフトウェアやプログラミング言語で利用できます。

表現できるデータ型には、数値、文字列、真偽値、配列、オブジェクト（連想配列）、nullがあり、これらを組み合わせることで、複雑なデータも表現することができます。特に覚えておくべきなのが配列とオブジェクトの記法です。配列は「[1,2,3]」のように角括弧で表し、オブジェクトは「{"key1": 100, "key2": 200}」のように波括弧で表します。タグで意味づけを行うXMLよりもシンプルでデータ容量も少ないのが特徴です。

例を示します。JSONは設定ファイルとしても人気があるものの、データ中にコメント（無視される部分）を記述できないなどやや柔軟さに欠けます。

---

*2　JavaScriptのオブジェクトの仕様を参考にしているものの一部違いもあります。

```
{
    "lunch": ["sushi", "tendon"],
    "dinner": {
        "A": "udon",
        "B": "soba"
    }
}
```

　JSON は非常に人気のあるデータ形式で、JSON5 や BSON（Binary JSON）のような派生フォーマットが存在します。似たような用途でライバルと言える MessagePack や Protocol Buffers などのフォーマットも知られています。

+α Markdown（マークダウン）

　Markdown とは、文書を記述するための軽量マークアップ言語です。HTML のように、タグ付けを行うのではなく、「# タイトル」や「*テキスト強調*」のように、簡単な記号を用いて、マークアップを行います。手軽に文書の体裁を整えたい時に使えます。GitHub などの各種 Web サービスで用いられる他、Markdown で書いた文書を HTML やパワーポイントへ変換するソフトウェアがあります。

　厳密に規格化されているわけではなく、各種の方言が存在する点は注意が必要です。

```
# 見出し

同じくマークアップ言語のHTMLに比べると簡単な記号で書けるため、タイプ数はかなり減る。

* 箇条書き
* 箇条書き
* 箇条書き
```

+α LaTeX（ラテック、ラテフ）／TeX（テック、テフ）

　LaTeX は、1985 年に Leslie Lamport によって生み出された組版処理システムです。印刷向けのマークアップ言語としての能力を有します。1978 年に登場した Donald E. Knuth による組版処理システムの TeX をベースに開発されています。

　LaTeX は、Microsoft Word などに近い、文書作成を主な用途とするツールです。

　文書作成ソフトとして一部で支持を集めており、一部の学術研究機関や学術誌などでは推奨する論文執筆ツールとして指定されていることもあります。数式などを記述するのに便利なコマンドが豊富に組み込まれているため、数式を扱うことの多い、いわゆる理系の分野では親しんでいる人も多くいます。

　テキストに特定の命令が書き込まれた LaTeX 形式のデータからコンパイル作業を行って、PDF などの形式で出力できます。マクロ機能が備わっており柔軟な処理を可能としています。チューリング完全性を有しています。

　ごく簡単に LaTeX の例を示します。実際には他にも種々の命令が必要です。

```
\section{見出しなどは命令で指定します。}

基本的には文章をそのまま書けます。特別な箇所については命令を指定する必要があります。
```

+α SQL（エスキューエル、シークェル）

　SQL はデータベースの操作、構造の定義、追加、更新、削除、検索などをおこなうためのデータベース言語です。1970 年代に、IBM の Edgar F. Codd の理論を参考に、同じく IBM の Donald D. Chamberlin と Raymond F. Boyce により開発されました。

RDBMS の MySQL や PostgreSQL、SQLite で利用されており、データベースとともに用いる言語のデファクトスタンダードです。ISO により標準化が行われています。多くの場合、各種の RDBMS では標準の SQL に対して機能拡張を行っています。

本書ではデータベース言語として分類していますが、SQL はある程度複雑な処理を記述できるため、プログラミング言語としてカウントされることも少なくありません[3]。

多くのシステムではデータを適切に管理、処理する必要があるために RDBMS と SQL を用います。そのため、プログラマーとしてはぜひ押さえておきたい言語です。

簡単な例を示します。下記では users の中から、名前に山が含まれる人を検索しています。

```
SELECT * FROM users WHERE name LIKE "%山%";
```

先述の拡張の他、SQL で書いた手続きをデータベース内で利用可能にするストアドプロシージャなど複雑な処理を行うための機能を多く兼ね備えおり、いくつかの処理系ではチューリング完全です。FizzBuzz などの問題も解けます。

+α 正規表現

正規表現（英語:regular expression）とは、文字列の集合を一定の文字列で表現する方法の一つです。数値や空白を表す要素や、特定の要素の繰り返しを表す要素、行頭や行末を表す要素などが定義されており、そうした要素を組み合わせてパターンを表現します。

テキストエディタやプログラム内で、文字列が任意のパターンにマッチするかを調べたり、マッチした範囲を置換したりと、文字列処理には欠かせない機能となっています。

実用的なプログラミング言語であれば、正規表現のライブラリが用意されており、Perl や sed などの言語では、言語機能の一部として正規表現によるマッチや置換の機能が利用できます。

+α make（メイク）

make とは、プログラムのビルド作業を自動化する言語・ツールです。ビルドの手順をルールとして記述したテキストファイル(Makefile)に従って自動的に作業を行います。コンパイル、リンク、インストール等、各種のルールを記述します。C を開発したベル研究所にて、1977 年に開発されました。

make を利用することにより、複雑に関連し合ったファイルの依存関係を解決することができます。ファイルの更新日時を確認するため、作業の必要が生じたファイルに対して処理が行われる仕組みとなっています。また、プログラムのソースコードをビルドする以外でも、バッチ処理の簡略化にも使うことができます。

現在でも C とともに用いられる事が多くあります。

```
# 単純な作業を指定する。hello.txtの内容をUnixで表示するための例。
sample: hello.txt
        cat hello.txt
```

+α PostScript（ポストスクリプト）

PostScript は、アドビシステムズが 1980 年代に開発したページ記述言語です。ページ記述言語は印刷を前提としたような「ページ」を記述するための言語で、PostScript は PDF の先祖ともいえる存在です。PostScript は印刷用に文字の配置や図形などの描画と関連する計算ができ、特定目的に特化しています。PostScript の互換フリーソフトウェアとして Ghostscript があります。

[3] TIOBE INDEX などのプログラミング言語ランキングではプログラミング言語として扱われていて、その人気も高いです。

PostScript の構文は、逆ポーランド記法（後置記法）で一貫しており、言語の名前も後置記法の「post script」といった意味に掛かっています。こういった言語としては他に Forth などがあります。プログラミング言語ではありませんが、チューリング完全を備えてしまっており、複雑なプログラムが実行できます。コンピューターとともに用いるプリンターの黎明期は、通信速度の遅さがネックでプリンターの印刷品質に制限がありました。PostScript はこの制限を回避するため、複雑な図形などをデータとしては送らず、プリンター内にプログラムを送り込んで生成することで、高品質な描画を可能としました。

1980 年代に登場し、1990 年に日本語やカラー印刷に対応した PostScript Level 2 が、1996 年には PostScript Level 3 が登場し PDF 形式に対応しました。

PostScript は FizzBuzz も解けます。「==」命令はスタックにある値を出力します。

```
%!PS-Adobe-3.0
% 100回繰り返す ●──────────────────      100回繰り返すには「1 1 100 { ... } for」のように記述します。
1 1 100 {
  /n exch def % ●─────────────────       forのループカウンタの値を変数nに代入します。
  % ●───────────────────────────         ifelse文を利用して、順次FizzBuzzの条件を判定して出力します。
  n 15 mod 0 eq { (FizzBuzz) == } {
  n 3  mod 0 eq { (Fizz) ==      } {
  n 5  mod 0 eq { (Buzz) ==      }
                { n ==           }
  ifelse } ifelse } ifelse
} for
quit
```

ini (アイエヌアイ)

ini は設定ファイルで PHP などで広く用いられます。ini の影響を受けた TOML という形式も人気です。

```
; iniの例。[]による分類、キーと値の組み合わせによる個別の設定が含まれます。
[section]
key="value"
```

YAML (ヤムル)

YAML（YAML Ain't a Markup Language）はインデントを用いて階層構造を記述でき、比較的そのままでも可読性の高いデータ記述言語です。配列や真偽値、キーと値のペアなど様々な形式を記述できます。近年は Ansible や Kubernetes など設定ファイルで広く用いられます。

```
# yamlの例。キーと値の組み合わせなど複数の記述方法を持っている。
key: value
# Pythonのようにスペースで構造を記述できる。
sample:
    - 123
    - [1, 200]
    - True
# 内部でJSONを扱える
json: {jsonkey: jsonvalue}
```

App. B
プログラミング言語と道具

　プログラミング言語を使って開発する際、プログラマーが用意するのは、プログラミング言語（の処理系）だけということはまれです。ここではプログラマーが使っている道具をまとめていきます。皆さんがプログラミング言語を本格的に使いこなしたいというときに参考にしてください。

エディタと統合開発環境

　何より、効率的にプログラムを書くために、開発用の**エディタ**が必要です。古くからプログラミング言語で使いやすい専用のエディタは人気でした。これらのエディタはプログラミング言語を色分けして見やすくするシンタックスハイライトや入力補完などの機能を備えています。また、開発から実行、デバッグまでを1つにまとめた**統合開発環境**（**IDE**、Integrated Development Environment））も人気です。プログラミング言語ごとに、どんな開発ツールを使ったら効率が良いのかは異なります。

● IDE

　IDEは多くの開発用ツールをひとまとめにした、まさに「統合開発環境」の名にふさわしいソフトウェアです。エディタに比べるとメモリ使用量など要求するマシンスペックが高いものの、基本的にはエディタの上位互換の機能を備えていると考えていいでしょう。多様なプログラミング言語に対応しますが、主に開発が大規模化しやすいJavaやC#で人気です。

　例えば、Windowsアプリを作るのに使う、Visual StudioはIDEです。プログラムの開発エディタに加えて、プログラムのデバッガ、ウィンドウのデザイナツールを含めた一セットにまとまっています。

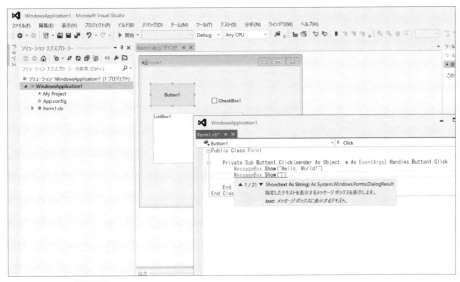

Visual Studioでの開発画面

```
Microsoft Visual Studio
[URL] https://visualstudio.microsoft.com/ja/
対応プログラミング言語: Visual Basic / C# / C++ / F# / JavaScript
```

主にJavaを用いた開発に用いられるEclipseや、IntelliJ IDEAも有名なIDEです。Intellij IDEAをもとにAndroidアプリ開発用のAndroid StudioというIDEも生まれました。非常に高度な開発ツールです。最初の数文字を入力すると、状況に応じてコード補完を行ってくれます。リファクタリング（コードの保守性を高める変更）のためにプログラムに現れる変数名や関数名を一括置換する機能もあり、至れり尽くせりです。

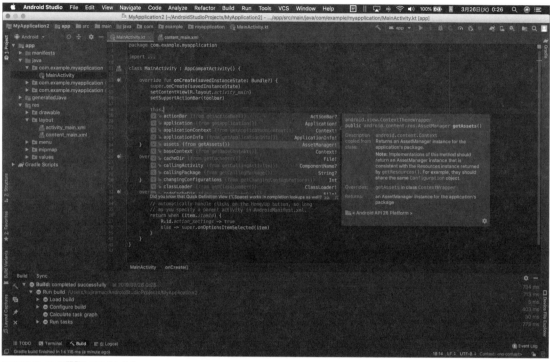

Android Studioで開発しているところ

Eclipse
[URL] https://www.eclipse.org/
対応プログラミング言語: Java / JavaScript / C / C++ / PHP / Rust など

IntelliJ IDEA
[URL] https://www.jetbrains.com/idea/
対応プログラミング言語: Java / JavaScript / Scala / Groovy / Kotlin など

Android Studio
[URL] https://developer.android.com/studio
対応プログラミング言語: Java / Kotlin

● エディタ

IDEに対して、エディタは機能的にはシンプルな傾向があります。コンパイルやデバッグは別のツールで扱うことを想定し、あくまでもソースコードの表示と編集に特化しているからです。エディタは軽量なかわりに機能が少ないと考えてください。JavaやC#などの特にIDEとの相性がいいソフトウェアは、あまりエディタで編集することはありません。エディタは、気軽に編集しやすいPythonやRubyのようないわゆるスクリプト言語の編集に使われることが多いです。伝統的なテキストエディタのVimやEmacsを始

め、AtomやVisual Studio Codeなど、プログラミングの開発に適したエディタが多数あります。

vimエディタでプログラムを編集しているところ

仮想マシン

　実際にプログラムを動作させるのが、今使っているOSとは異なるという場合もあります。典型的な例では、WindowsでPHPを開発していても、実際に動かすのはLinuxサーバーというようなことが考えられます。こういった事態に対して、ソフトウェア的にコンピューターの動作をエミュレートする**仮想マシン**を用意して、目的とする別のOSを稼働させて動作を確認させる方法があります。この方法を使うと、本番環境と同じ構成でプログラムをテストすることができて便利です。また、仮想マシンは、手軽に環境を複製してバックアップをとっておいたり、他人に配布することができるので、チーム開発でも威力を発揮します。

　無料の仮想マシンには、Oracle VM VirtualbBoxがあります。各種LinuxをはじめWindowsなどの環境を動かすことができます。

```
Oracle VM VirtualBox
[URL] https://www.virtualbox.org
対応OS: Windows / macOS / Linux など
```

　それ以外には、Windows用のHyper-V、macOS用のParallelsデスクトップなどがあります。
　コンテナ型の仮想化環境を提供するDockerもあります。

```
Docker
[URL] https://www.docker.com/
対応OS: Windows / macOS / Linux
```

パッケージマネージャー

　プログラミング言語で開発をするときには便利な処理をまとめて再利用する**ライブラリ**を用いることが

一般的です。ライブラリは手作業でダウンロードしてきて配置……といった手間のかかる方法で用いられることはほとんどなく、現在は**パッケージマネージャー**と呼ばれるライブラリ管理ツールを用いることが一般的です。パッケージマネージャーは一般に各プログラミング言語ごとに異なります。プログラミング言語実行環境の配布時に同梱されている場合もあれば、別途自身で用意する場合もあります。

```
NPM
[URL] https://www.npmjs.com/
対応プログラミング言語：JavaScript (CoffeeScript/TypeScriptなども)
```

```
yarn
[URL] https://yarnpkg.com/
対応プログラミング言語：JavaScript (CoffeeScript/TypeScriptなども)
```

```
pip
[URL] https://pip.pypa.io/en/stable/
対応プログラミング言語：Python
```

　まれですが、Goのようにプログラミング言語の文法自体にパッケージマネージャー的な機能を持たせたものも存在します。

ビルドツール

　プログラムは複雑になってくるとコンパイルに必要なファイル同士の依存関係なども考慮して成果物を作成（ビルド）しなくてはいけません。そういったソフトウェア開発のビルドを助けるのがビルドツールです。ビルドに必要なファイルやビルド時の処理の順序などを記載して実行します。Makeのような汎用ビルドツールもあれば、各言語に特化したビルドツールもあります。

```
Make
[URL] https://www.gnu.org/software/make/
対応プログラミング言語：Cなど（汎用）
```

```
Maven
[URL] https://maven.apache.org/
対応プログラミング言語：Javaなど
```

```
webpack
[URL] https://webpack.js.org/
対応プログラミング言語：JavaScript (CoffeeScript/TypeScriptなども)
```


バージョン管理システム

　複数人でプログラミングをするときは各々の変更箇所の履歴を管理したり、それぞれのソースコードの変更箇所を統合する必要があります。こういったことを可能にするのがバージョン管理システムです。バージョン管理システムはいくつもありますが圧倒的なユーザー数を誇るのがGitです。Gitを用いたソースコード共有サービスのGitHubは世界中で人気です。

```
Git
[URL] https://git-scm.com/
対応OS: Windows / macOS / Linux など
```

App. C
プログラミング言語の作り方

筆者はいくつかプログラミング言語を作ったことがあります。読者の皆さんは「プログラミング言語を作るなんて難しそう」と思ったかもしれません。実は、プログラミング言語を作る技術は、かなり研究されており、既存の言語と似たような仕組みの言語を作るのであれば、それほど難しいものでありません。ここでは、簡単にポイントを押さえて、プログラミング言語の作り方を紹介しましょう。

プログラミング言語作成の手順

プログラミング言語は、以下のような手順に分けて作るのが一般的です。

1. 字句解析を行う
2. 構文解析を行う
3. 解析結果に応じて実行

ここでは、話を簡単にするために、プログラムをバイトコードやアセンブリなどに変換しない、単純なインタプリタ方式の言語について解説します。

● 字句解析

プログラムのソースコードは、ただの文字列です。そこで、最初にソースコードの文字列に対して**字句解析**（Lexical Analysis）を行います。字句解析というのは、ソースコードを意味のある最小単位である**トークン**（字句）に分割することです。例えば、以下のようなプログラムがあるとします。

```
price = 10 + 20 * 300;
```

このプログラムをトークンごとに分割すると、次のようになります。

| price | = | 10 | + | 20 | * | 300 | ; |

ちなみに、字句解析を行うプログラムをスキャナ（字句解析器）と呼びます。簡単な正規表現で記述したルールから、スキャナを作成するツールもあります。有名なものには、lex/flexがあります。

● 構文解析

次に、構文解析を行います。**構文解析**（Parse）はトークンを一つずつ読んでいって、そのトークンの出現位置を元にして解析を行って、構文木などを作成します。**構文木**（Syntax Tree）は構文を木構造のデータで表すものです。

トークンに区切ってさえあれば、前から順に実行するだけではないかと思う方もいるかと思いますが、例えば計算を行うプログラムで『10 + 20 * 300』という計算式では、20 * 300を先に計算して、10を足すのは後にしなければなりません。つまり、単純に前から実行していく方式は不適で、構文を確認して計算の順番を正しく認識しておく必要があるのです。

このような構文解析の手法には、LALR(1)とかLL法などの手法があります。人間が手作業で解析処理を書くこともありますが、パーサジェネレータによって解析処理を生成することが多いでしょう。パーサジェネレータとは構文解析を行う構文解析器を生成するためのプログラムです。

構文解析の結果は、多くの場合は構文木で保持されます。先ほどトークンに分割した『price = 10 + 20 * 300』のプログラムを構文木に変換してみましょう。

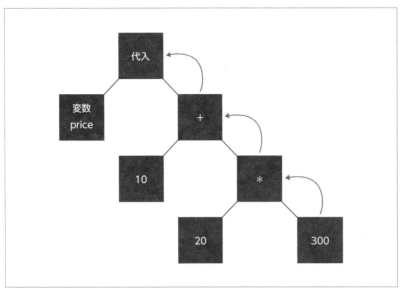

構文解析を行ったところ

なお、パーサジェネレータには、yacc、bisonといったツールがあります。lexとyaccを組み合わせて使う方法は広く知られています。

このジャンルは盛んに研究や開発がされていて、簡単なルールから、字句解析と構文解析を同時に行うプログラムを生成する、PEGパーサ生成器などもあります。

普段触れる機会がないのであまり意識することがありませんが、プログラミング言語作成において基礎部分をある程度自動で生成するツールはしっかり存在します。

● 解析結果に応じて実行

先ほど作成した**構文木の結果を実行**すればプログラムは動作します。実行は構文木の末端から順に評価していきます。上記の構文木の図を見てみましょう。構文木の末端にあるのは、「20 * 300」です。この計算を行った後、「+ 10」を行い、その後に、変数priceへの代入を行います。このように構文木の末端から順に構文を評価していくなら、プログラムを正しく実行できるのです。

● 一歩先の言語─バイトコードへの変換

一時代前のプログラミング言語を作るのであれば、ここまでの手順で十分かもしれません。しかしながら、近年作成されたプログラミング言語は、構文木を直接実行することはありません。この方式では実行効率がそれほど良くないからです。構文木をバイトコードに変換すれば、より高速にプログラムを実行できます。なぜなら、バイトコードには多くの最適化技法があり、高速化が容易だからです。

例えば、日本が世界に誇るプログラミング言語のRubyを例にとってみましょう。以前Rubyは構文木を直接実行する仕組みとなっていました。しかし、2007年のバージョン1.9以後は、構文木をバイトコードに一度変換してからプログラムを実行する方法に切り替わっています。これにより、Rubyの実行速度は、5倍速くなったと言われています。

● コンパイル言語の場合は？

また、インタプリタではなくコンパイル言語を作る場合には、構文木をアセンブラなどに変換すること

になります。

　ただし、直接変換する処理を書くということは近年減ってきています。最近開発されたプログラミング言語である、SwiftやRustといった言語の場合は、直接アセンブラに変換するのではなく、コンパイラのフレームワークである、LLVM用のバイトコードを作成し、その後の実行ファイルの作成は、LLVMに任せてしまうという方法を取っています。

● 日本語プログラミングの場合は？

　筆者が開発している日本語プログラミング言語「なでしこ」の場合はどうでしょうか。日本語プログラミング言語と言っても、自然言語の日本語を解析するわけではありません。日本語をベースにある程度字句解析がしやすい文法を採用しています。そのため、他のプログラミング言語と同じく字句解析をして、構文解析をして、実行という手順に沿っています。

　ただし、字句解析の部分は一工夫必要です。英語をベースにしている言語であれば、自然と空白や区切り文字を利用してプログラムを最小単位のトークンに分割します。しかし、日本語の場合は、英語圏とはこのあたりの文化が異なります。

　そこで、なでしこでは助詞などキーワードとなる要素を用いて区切っていきます。例えば、『値段に30を代入』という構文なら、助詞の「は」や「を」を区切りとして『値段｜に｜30｜を｜代入』と分割します。もしも、自然言語的な手法を用いるのであれば、形態素解析などの手法を利用しますが、「なでしこ」では命令の引数に使える助詞を決め打ちしてあり、その助詞の一覧を用いて文を区切ります。

まとめ

　ここまで見てきたような原理の下、字句解析のlexや構文解析のyaccといったツールを使えば、プログラミング言語を開発できます。もちろん読者のあなたにも、プログラミング言語は開発できるのです。

　自分専用のプログラミング言語というのは、とても素晴らしいものです。いきなり実用言語とはいかなくても、自分で好きな構文を用意して使えるというだけでも、楽しいです。

　ただし、いろいろな人に自分の作った言語を使ってもらおうとすると、別の様々な労力が必要となってきます。なぜなら、世の中には既に多くのプログラミング言語があります。本書でここまで紹介したような特色豊かな既存の言語と争って新たに使ってもらうのは容易ではありません。また、プログラミング言語だけが あっても、実用的なライブラリがなければ使い道がありません。

　逆に言えば、ある特定の用途に特化したプログラミング言語を作ったり、便利なライブラリをたくさん用意したりすれば、誰か別の人にも使ってもらえる可能性は高くなります。さらに、親切なマニュアルを作り、開発環境を用意し、ユーザーから寄せられる様々な要望や質問に答えていくなら、継続的にいろいろな人に使ってもらえるかもしれません。

　プログラミング言語の開発や公開は様々な労力が必要となりますが、とても楽しいものです。いずれにしても本稿が自作プログラミング言語作成のきっかけとなれば嬉しいです。

索 引

【 記号 】

.NET Core......................................132
.NET Framework...........................132
.NET 言語.......................................135
() (S式)..165

【 A 】

ActionScript..................................192
ActiveBasic....................................180
Ada...143
AI...33, 73, 172
Ajax..94
Alan Kay..176
ALGOL...143
Android....................................110, 114
AppleScript.....................................154
Arc/Anaarki....................................167
Assembly..60
AWK..144

【 B 】

Bash/ShellScript.............................151
BASIC..178
BASIC ファミリー.............................180
Batch..149
Bill Joy..113
Borune Shell...................................153
Brainfuck..196

【 C 】

C...52
C Shell..153
C#..131
C++...61
Cascading Style Sheet....................200
CGI..90
Clojure..167
cmd.exe..149
COBOL...181
CoffeeScript....................................103
Common Lisp..................................165
CPAN..91
Crystal..81
CSS..200
Cython...76
C拡張...75
C言語..52

【 D 】

D...66
Dart..104
Denis MacAlistair Ritchie................52
Deno...100
dotty..118
D言語くん...67

【 E 】

ECMAScript.............................95, 194
Eiffel..143
Elixir...163
Elm...157
Emacs......................................167, 206
Emacs Lisp......................................167
Emscripten.......................................96
Erlang...161
Excel...138
Excel関数..140
Extensible Markup Language...........201

【 F 】

F#..135
F-BASIC...180
FizzBuzz..49
Flash...192
Flutter..105
FORTRAN...64
Free Pascal.....................................143
Friendly Interactive shell...............153

【 G 】

Go..56
Google..56
Google Apps Script.........................140
Groovy..120

【 H 】

Hack/HHVM.......................................86
Haskell..155
Haxe..193
HSP(Hot Soup Processor).................186
HTML...85, 200
HTML5...94
HyperText Markup Language............200

【 I 】

IDE..112, 205
ini...204
Integrated Development Environment...112

【 J 】

James Gosling................................113
Java...108
Java Community Process.................113
Java EE..111
Java SE..111
JavaScript...93
Java 仮想マシン...............................110
JDK..111
JIT...89
JRE..109
JRuby..82
JS..93
JSON..201
JSP..109
Julia..189
JVM...82, 110

【 J 】

JVM 言語....................................114, 118

【 K 】

KornShell...153
Kotlin..114

【 L 】

lambda..169
LaTeX...202
Lazy K...197
Linux...53
LISP...165, 168
LLVM..125
Lua..87
LuaJIT..89

【 M 】

make..203, 208
Markdown..202
MATLAB..191
MicroPython......................................76
Mint..195
ML..160
MoosScript..89
mruby..81
MSX-BASIC.......................................180

【 N 】

N88-BASIC.......................................180
Nadesiko..184
Nim...195
Node.js..97
npm..98

【 O 】

Object Pascal/Delphi........................141
Object-Oriented.................................40
Objective-C......................................128
OCaml...158
Octave(GNU Octave).......................191
OOP..40
Opal..82

【 P 】

Pascal...143
Perl...90
Perl 6..92
PHP...83
Piet...197
PL/I...183
PostScript..203
PowerShell.......................................147
Processing.......................................122
Prolog...171
PyPy..76
Python..72

【 R 】

R...187
Racket...170
RAD...141
Raku..92

Reason 160
repl.it 45
Ruby 77
Rust 68

【 S 】

Scala 117
Scala.js 119
Scheme 168
Scratch 173
sed 146
Simula 130
Smalltalk 176
SQL 202
Standard ML 160
Streem 82
Swift 124
S式 165

【 T 】

TeX 202
Tomcat 109
TypeScript 101

【 U 】

Unix系シェル 153
Unlambda 197

【 V 】

VBA 138
VBE 140
Vim 113, 206
Vim Script 113
Viscuit 175
Visual Basic 136
Visual Studio Code 207

【 W 】

WebAssembly 106
Webアプリ 32
Webサービス 32
Whitespace 198
WSH 150

【 X 】

XML 201
Xtend 116

【 Y 】

YAML 204

【 Z 】

Z shell 153

【 あ行 】

アセンブリ 60
アドレス 54
安全 69
インストール 46
インタプリタ 43
エディタ 206
オブジェクト指向 29, 39, 40, 109
オンライン実行環境 44

【 か行 】

科学技術計算 189
仮想マシン 207
仮想マシン（処理系） 105
型 37, 101, 118
型推論 102
ガベージコレクション 58
関数型 39, 41
機械学習 33, 72, 74
機械語 60
規格 54
基本情報技術者 75
金融 36
組み込み 34
組み込み（他言語への組み込み） 88
組版 202
クラウド 31, 58, 70
軽量プロセス 162
軽量マークアップ 202
ゲーム 34
高水準言語 64
構造化 39
高速 20
構文木 209
構文解析 209
コマンドプロンプト 149
コマンドライン 35
コンパイラ 53
コンパイル 43, 210
コンピューターの誕生 25

【 さ行 】

サーブレット 109
シェル 152
資格 22
字句解析 209
仕事 23
システムプログラミング 33, 55
純粋関数型 156
人工知能 33
新世代コンピュータ技術開発機構 172
深層学習 74
数値計算 191
スーパーコンピューター 35
スーパーセット 101
スクリプト言語 29
スタイルシート言語 200
スマートフォン 31, 32
正規表現 91, 203
生産性 21
静的型付け 37
宣言型 39

【 た行 】

遅延評価 155
チューリング完全 196
ディープラーニング 74

データベース 35
データ分析 187
デスクトップ 33, 137
手続き型 39
テンプレート 62
統計 187
統合開発環境 112
動的型付け 37
トークン 209
トランスパイル 96

【 な行 】

なでしこ 184
難解プログラミング言語 196
日本語プログラミング 211
日本語プログラミング言語 185
人気 23
ノイマン型 27
ノンブロッキング 98

【 は行 】

パーサジェネレータ 210
バージョン管理 208
バイトコード 210
パッケージマネージャー 75, 207
バッチファイル 149
パラダイム 37
ビジュアル 42, 174
ビルドツール 112, 119, 208
プラグイン 88
プログラマーの三大美徳 91
プログラミング教育 175
プログラミング言語 18, 28, 35
プログラミング言語の作り方 209
ブロック 174
分類 37
並行 57, 68, 161
ベル研究所 53, 144, 146
ポインタ 54
ホビーパソコン 180

【 ま行 】

マークアップ 200
マイコン 180
マクロ 55
まちおこし 79
マルチパラダイム 42
命令型 38
メインフレーム 183
メタプログラミング 42
メモリ破壊 69

【 ら行 】

ラムダ 168
ラムダ式 169
論理型 39, 42

参考文献（書籍）

■ 入門コンピュータ科学　J.Glenn Brookshear 著　神林靖、長尾高弘訳（2014）　KADOKAWA　ISBN: 978-4-04-886957-7

■ 実践 Rust 入門　κeen、河野達也、小松礼人著（2019）　技術評論社　ISBN: 978-4-297-10559-4

参考文献（Web サイト）　いずれも 2020-03-20 に確認したものです。

■ ドット絵でプログラミング！難解言語『Piet』勉強会　▶ https://www.slideshare.net/KMC_JP/piet-80098546

■ 社内開発環境の紹介 〜社内製プログラミング言語 Mint について〜 | ハル研ブログ | ハル研究所　▶ https://www.hallab.co.jp/company/blog/detail/003062/

■ CEDEC2019 でカービィチームの開発環境についての講演をしてきました！| ハル研ブログ | ハル研究所　▶ https://www.hallab.co.jp/company/blog/detail/003357/

■ .NET Core について | Microsoft Docs　▶ https://docs.microsoft.com/ja-jp/dotnet/core/about

■ 各言語に広まった Rx（Reactive Extensions、ReactiveX）の現状・これから - Build Insider　▶ https://www.buildinsider.net/column/kawai-yoshifumi/004

■ Cross-platform with Xamarin | .NET　▶ https://dotnet.microsoft.com/apps/xamarin/cross-platform

■ Programming in D for C++ Programmers - D Programming Language　▶ https://dlang.org/articles/cpptod.html

■ Announcing Dart 2.6 with dart2native: Compile Dart to self-contained, native executables　▶ https://medium.com/dartlang/dart2native-a76c815e6baf

■ ドロシー・ヴォーンが活用したプログラミング言語〜映画『ドリーム』- IBM Systems Japan blog　▶ https://www.ibm.com/blogs/systems/jp-ja/dream_fortran/

■ Go at Google: Language Design in the Service of Software Engineering　▶ https://talks.golang.org/2012/splash.article

■ Go Tech Talk　▶ https://talks.golang.org/2010/go_talk-20100323.html#(5)

■ Go Turns 10 - The Go Blog　▶ https://blog.golang.org/10years

■ [haXe] pronouncing haXe　▶ https://web.archive.org/web/20070328232003/http://lists.motion-twin.com/pipermail/haxe/2007-March/007897.html
※元記事にアクセスできなかったため archive.org を利用。

■ The future of Java and OpenJDK updates without Oracle support - Red Hat Developer
▶ https://developers.redhat.com/blog/2018/09/24/the-future-of-java-and-openjdk-updates-without-oracle-support/

■ Java はコミュニティの力で再び偉大になれるのか　▶ https://www.slideshare.net/yusuke/java-98886920

■ IBM と Oracle によってゲームの様相が変化: OpenJDK に関する衝撃のアライアンス　▶ https://www.ibm.com/developerworks/jp/java/library/j-openjdkroundup/index.html

■ The Java Community Process(SM) Program - Participation - JCP Members　▶ https://www.jcp.org/en/participation/members

■ A Short History of Objective-C　▶ https://medium.com/chmcore/a-short-history-of-objective-c-aff9d2bde8dd

■ PHP: PHP の歴史 - Manual　▶ https://www.php.net/manual/ja/history.php.php

■ The Zen of Python 解説 - 前編 - atsuoishimoto's diary　▶ https://atsuoishimoto.hatenablog.com/entry/20100920/1284986066

■ The Zen of Python 解説 - 後編 - atsuoishimoto's diary　▶ https://atsuoishimoto.hatenablog.com/entry/20100926/1285508015

■ Rubyist のための他言語探訪【第 2 回】CLU　▶ https://magazine.rubyist.net/articles/0009/0009-Legwork.html

■ Ruby が一番強く影響を受けている言語は何ですか？ - Quora　▶ https://jp.quora.com/Ruby が一番強く影響を受けている言語は何ですか

■ まつもとゆきひろさん，Ruby に影響を与えた言語と Ruby 開発初期を語る。 〜 RubyKaigi 2013 基調講演 1 日目：RubyKaigi 2013 レポート | gihyo.jp … 技術評論社
▶ https://gihyo.jp/news/report/01/rubykaigi2013/0001?page=2

■ Ruby on Rails: DHH のインタビュー　▶ https://kdmsnr.com/translations/interview-with-dhh/

■ Ruby on Rails: An Interview with David Heinemeier Hansson - O'Reilly Media
▶ https://web.archive.org/web/20100331130422/http://www.oreillynet.com/pub/a/network/2005/08/30/ruby-rails-david-heinemeier-hansson.html
※元記事にアクセスできなかったため archive.org を利用。

■ Ruby アソシエーション: Ruby 処理系の概要　▶ https://www.ruby.or.jp/ja/tech/install/ruby/implementations.html

■ もし OS に断絶があれば Ruby は死んでいた可能性が高い、まつもと氏が Ruby25 周年で講演 - Sider Blog　▶ https://blog-ja.sideci.com/entry/2018/02/26/121616

■ 人間とウェブの未来 - mod_mruby、mod_lua、mod_perl、mod_ruby のアーキテクチャの違いと性能　▶ http://blog.matsumoto-r.jp/?p=2669

■ Rust　▶ https://research.mozilla.org/rust/

■ Deploying Rust in a large codebase　▶ https://medium.com/mozilla-tech/deploying-rust-in-a-large-codebase-7e50328074e8

■ Oxidation - MozillaWiki　▶ https://wiki.mozilla.org/Oxidation

■ Rust's original creator, Graydon Hoare on the current state of system programming and safety | Packt Hub
▶ https://hub.packtpub.com/rusts-original-creator-graydon-hoare-on-the-current-state-of-system-programming-and-safety/

■ Rust Creator Graydon Hoare Talks About Security, History, and Rust - The New Stack
▶ https://thenewstack.io/rust-creator-graydon-hoare-talks-about-security-history-and-rust/

■ Object-Oriented Programming - Scratch Wiki　▶ https://en.scratch-wiki.info/wiki/Object-Oriented_Programming

■ WebAssembly High-Level Goals - WebAssembly　▶ https://webassembly.org/docs/high-level-goals/

■ 2019 年の WebAssembly 事情 - Qiita　▶ https://qiita.com/bellbind/items/2619f8b71c3a69cc28be

■ Macintosh 用 Pascal のオブジェクト指向拡張（Pascal へのオブジェクト指向拡張の歴史と Delphi）- Qiita　▶ https://qiita.com/ht_deko/items/cd245180363e1911afa7

■ Before C, What Did You Use? | Electronic Design　▶ https://www.electronicdesign.com/technologies/embedded-revolution/article/21805077/before-c-what-did-you-use

■ Lessons Learned: Why PHP won　▶ http://www.startuplessonslearned.com/2009/01/why-php-won.html

■ 経験 15 年の OCaml ユーザーが Haskell を仕事で半年使ってみた - camlspotter's blog　▶ https://camlspotter.hatenablog.com/entry/20101212/1292165692

■ A look at how Ruby interprets your code | AppSignal Blog　▶ https://blog.appsignal.com/2017/08/01/ruby-magic-code-interpretation.html

■ YARV Maniacs【第 2 回】VM ってなんだろう　▶ https://magazine.rubyist.net/articles/0007/0007-YarvManiacs.html

■ What is Gradual Typing | Jeremy Siek　▶ http://wphomes.soic.indiana.edu/jsiek/what-is-gradual-typing/

■ Ruby3 で導入される静的型チェッカーのしくみ　まつもとゆきひろ氏が RubyKaigi 2019 で語ったこと - Part1 - ログミー Tech　▶ https://logmi.jp/tech/articles/321280

おわりに

　ここまで、いろいろなプログラミング言語について紹介してきました。それぞれの言語ごとの特徴や雰囲気を紹介できました。今回、本書の執筆にあたって、いろいろな言語について改めて調べる機会を持てました。筆者はプログラミング言語の開発を趣味としていることもあり、それは楽しい作業でした。

　本書を手に取ってくださった読者の皆さんに感謝します。読者の皆さんが、いろいろなプログラミング言語について知り、それに触れるきっかけとなったのであれば幸いです。

クジラ飛行机

- ●装丁　　　一瀬錠二（Art of NOISE）
- ●イラスト　青木健太郎（セメントミルク）
- ●組版　　　BUCH+
- ●図版制作　BUCH+、株式会社リンクアップ
- ●編集　　　野田大貴

プログラミング言語大全

2020 年 5 月 1 日　初版　第 1 刷発行
2023 年 2 月 1 日　初版　第 3 刷発行

著　者	クジラ飛行机
発行者	片岡 巌
発行所	株式会社技術評論社
	東京都新宿区市谷左内町 21-13
	電話　03-3513-6150　販売促進部
	03-3513-6177　雑誌編集部
印刷／製本	昭和情報プロセス株式会社

定価はカバーに表示してあります。

ISBN978-4-297-11347-6 C3055
Printed in Japan

【お問い合わせについて】

本書に関するご質問は記載内容についてのみとさせていただきます。本書の内容以外のご質問には一切応じられませんので、あらかじめご了承ください。なお、お電話でのご質問は受け付けておりませんので、書面または FAX、弊社 Web サイトのお問い合わせフォームをご利用ください。

〒162-0846
東京都新宿区市谷左内町 21-13
株式会社技術評論社
『プログラミング言語大全』係

FAX　03-3513-6173
URL　https://gihyo.jp

ご質問の際に記載いただいた個人情報は回答以外の目的に使用することはありません。使用後は速やかに個人情報を廃棄します。